Die Kanäle Schleswig-Holsteins
in Vergangenheit und Gegenwart

Werner Scharnweber

Die Kanäle Schleswig-Holsteins in Vergangenheit und Gegenwart

Entdecken – Erkunden – Erwandern

Reisebilder

Mit 198 Abbildungen

EDITION TEMMEN

Die Deutsche Bibliothek verzeichnet diese Publikation in der Deutschen Nationalbibliografie; detaillierte bibliografische Daten sind im Internet unter http://dnb.ddb.de abrufbar.

Umschlagabbildungen:
Oben: Eiderkanal bei Knoop, Lösch- und Lagerplatz im Jahr 1887.
Unten: Der Containerfrachter »ELISABETH«, Heimathafen Heerenveen (Niederlande) im Nord-Ostsee-Kanal.

Frontispiz:
Die »Diamant II« auf dem Elbe-Lübeck-Kanal

© Edition Temmen 2011

Hohenlohestr. 21 – 28209 Bremen
Tel. 0421-34843-0 – Fax 0421-348094
info@edition-temmen.de – www.edition-temmen.de

ISBN 978-3-8378-5010-9

INHALT

VORAB

Kanäle entdecken – erkunden –
      erwandern 9
Geographische Lage- und
      Wegbeschreibungen 10
Kanal – beschrieben 1876 11

STECKNITZKANAL

Der Kanal – seit 1398 13
Die Streckenführung 15
Rekord: 498 Jahre lang Kanalbetrieb 16
Stecknitz, Delvenau – oder? 20
Die Dückerschleuse konnte gerettet
      werden 22
Schleuse mit Wirtshaus 24
Die Palmschleuse 26
Die Schleusen – notiert 1842 27
Eigenes Kirchengestühl 28
Mölln, Till Eulenspiegel und die
      Stecknitzfahrt 30
Haken und Staken 32
Die Linientrekker 33
Reichlich Bier für die Linientrekker 34
Passagezahl 35
Stecknitzkanal – beschrieben 1761 37
Stecknitzkanal und Lauenburgs
      malerische Altstadt 38

ALSTER-BESTE-KANAL

Alster-Beste-Kanal, der erste Versuch 41
Alster-Beste-Kanal – im zweiten Anlauf 44
In Neritz gab es mächtig Zoff 46

Canal-Notiz 1855 48
Schiffahrt auf der kanalisierten Alster 48
»Alsterböcke« 52
Planspiele 53

KANAL SÜDERBOOTFAHRT

Von Garding nach Katingsiel 55
Fritz Stoltenbergs Bild von der
      Süderbootfahrt 58
2tes Brüchhuus 59
Zitat Johannes von Schröder 60

KANAL NORDERBOOTFAHRT

Von Katharinenheerd nach Tönning 63
Der Bootführerdeich 65

DIE GRACHTEN VON FRIEDRICHSTADT

Grachten sind Kanäle 69
Ostersielzug und Westersielzug 70
Friedrichstadt – die »Holländerstadt« 72
Mittelburggraben 74
Fürstenburggraben 78

BÜTTLER KANAL / BURG-KUDENSEER-
KANAL / BURGER AU

Der Büttler Kanal – zwecks Entwässerung 81
Der Büttler Kanal – für die Schiffahrt 82
Drei Namen und die Burger Au
      gehört dazu 83

Die Burger Schiffer nutzten den
  Büttler Kanal. 86
Schwachstelle: Der Kudensee 88
Der Kudensee schrumpfte 90
Kudensee-Graben« – notiert 1824 92
Es wurde nicht nur Torf befördert 93
Der »Kudenseer Kahn« als
  Wappenmotiv» 94
Vorteil: Büttel 96
Mit der Schleuse pfleglich umgehen. 98
Das Ende der Schiffahrt und
  Büttels Schicksal 99

Tönnings Stadtschuld beglichen –
  teilweise 134
Der Speicher des Herrn Lempelius 136

BREITENBURGER
SCHIFFAHRTSKANAL

Der Bauherr: Graf Conrad von
  Holstein 139
Baukosten: 200.000 Mark 141
3000 Schiffe jährlich 144
Gütertransprt bis 1975 147

EIDERKANAL/SCHLESWIG-
HOLSTEINISCHER KANAL

Ein Kanal entsteht 101
Namenswechsel 104
Von Holtenau bis Tönning 105
Breite und Tiefe 106
Kanalzitat anno 1824 107
Internationale Schiffahrt ab 1785 108
Sechs Schleusen 110
Herrenhaus Knoop und der
  Eiderkanal 112
Die gerettete Rathmannsdorfer
  Schleuse 114
Canal-Verein e.V. 118
Schleuse – beschrieben 1784 120
Schleuse Klein Königsförde 122
Brücken 124
Treidel-Notiz aus dem Jahr 1855 126
Der Obelisk 128
Die Aufsicht hatte der »Schifffahrts-
  inspector« 129
Passagezahlen 130
Konsul – dank holländischer Schiffe. 131
Pachtbar 132
Der Eiderkanal hebt Tönnings
  Wohlstand 133

NORD-OSTSEE-KANAL/
KIEL CANAL

Kanalbau 149
Kanalnamen 151
Kanalerweiterung 152
Schleusen. 153
Brücken, Tunnel, Fähren 156
Schweben 158
Unter allen Flaggen dieser Welt 159
Schiffe im Detail 161
Mit 15km/h durch den Kanal 162
Lotse an Bord 163
Kanalsteurer. 164
Kiel: Dreimal weltbekannt 165
Rendsburg – die doppelte Kanalstadt 167
...und außerdem 169

ELBE-LÜBECK-KANAL

Gebaut: Elbe-Trave-Kanal 171
Namenswechsel: Elbe-Lübeck-Kanal 173
Der Kanal und Lübecks Weltkulturerbe . . 174
Enteignung von Grundeigentum 176
Die Länge des Kanals. 177
Sieben Schleusen 178

Donnerschleuse 180
Abmessungen, Abladetiefe, Höchst-
   geschwindigkeit 182
Befahrungsabgaben – 1903 183
Befahrungsabgaben – heute 185
Überholen erlaubt – anno 1913 186
In die Jahre gekommen 187
Fähre mit Charme 190
Wandern am Kanal 192
Kanalimpressionen in Bildern 194

SCHAALSEEKANAL

Der Bau des Schaalseekanals 197
Aale für Mecklenburg 200
1,5 Millionen Kilowattstunden Strom 201
Wandern am Schaalseekanal 202
In Kombi: Schaalseekanal und
   Ratzeburg 203

GIESELAUKANAL

2,897 Kilometer Kanal 207
Die Lage 208
Daten und Fakten zum
   Gieselaukanal. 210
Die Schleuse 211
Deshalb gibt es den Gieselaukanal 213
Gieselau – die Namensgeberin 214

ANHANG

Wir bedanken uns 217
Orts- und Sachregister 219
Bildnachweis 223
Vom selben Autor lieferbar 224

VORAB

Kanäle entdecken – erkunden – erwandern

Schleswig-Holstein war und ist (auch) das Land der Kanäle. Der älteste, der Stecknitzkanal, entstand bereits im Spätmittelalter, eröffnet im Jahr 1398 (!). Und diente 498 Jahre lang, bis 1896, der Schiffahrt. Ein Rekord! Der jüngste Kanal, der Gieselaukanal, wird seit 1937 befahren.

Die Kanäle des Landes, die historischen und jene, die aktiv in Betrieb sind, werden nachfolgend vorgestellt. Unberücksichtigt bleiben Kanäle, die ausschließlich der Entwässerung dienen. Aber die werden zumeist auch nicht Kanal genannt. Sie heißen, je nach Landschaft, Sielzüge und Wettern.

Alle Kanäle, die historischen und die aktuellen, sind vor Ort erlebbar. Sie können erwandert, erkundet und zum Teil mit Freizeitbooten befahren werden. Entweder die jeweils gesamte Strecke oder – für historische Kanäle – erhaltene Teilabschnitte.

Machen wir uns auf den Weg zu den Kanälen des Landes aus Vergangenheit und Gegenwart. Die vielseitige schleswig-holsteinische Landschaft bildet überall den naturschönen Rahmen.

Für die Zuschauer an Land auf dem Kanalbegleitweg befahren die »großen Pötte« den Nord-Ostsee-Kanal fast zum Greifen nah

Geographische Lage- und Wegbeschreibungen

Die geographische Lage der Kanäle, einschließlich deren Bauwerke und Sehenswürdigkeiten, wird in den folgenden Berichten angegeben. Ergänzend dazu wird vielfach auf folgende Kartenwerke – unter Nennung der einzelnen Bezeichnung bzw. Nummer – verwiesen:

➲ Kreiskarten des Landes Schleswig-Holstein, 1:75.000 bzw. 1:100.000
➲ Wander- und Freizeitkarten, 1:50.000
➲ Topographische Karten, 1:25.000

Herausgeber ist das Landesvermessungsamt Schleswig-Holstein.

Die Karten sind im Buchhandel erhältlich. Sie können aber auch direkt beim Landesvermessungsamt erworben oder zum Postversand bestellt werden:

Landesvermessungsamt Schleswig-Holstein
Mercatorstraße 1
24106 Kiel
Telefon: 0431-3832028
Fax: 0431-383-2099

Motiv am erhaltenen Abschnitt des 1784 eröffneten Eiderkanals (Schleswig-Holsteinischer Kanal) bei Kluvensiek. Blick auf die vormalige Schleuseneinfahrt

Kanal – beschrieben 1876

»Kanal ist eine künstlich gebaute (nicht von der Natur hergestellte) Wasserstraße, bei der jedoch sehr häufig natürliche kleinere oder größere Wasserläufe, wie Bäche, Flüsse oder auch stehende Gewässer (Landseen) mit benutzt worden sind oder mindestens die Richtung angegeben haben.

Unter allen Kommunikationsmitteln bleibt die Wasserstraße das billigste, zugleich auch, weil die Menge der darauf transportierten Güter fast un-begrenzt ist, der leistungsfähigste. (...) Dagegen besitzt sie den allerdings zeitweise recht empfindlichen Nachtheil, daß in unseren höheren Breitegraden durch Eisbildung zur Winterzeit Wochen, nach Befinden auch Monate lang der Verkehr gänzlich unterbrochen wird.«

(Aus: »Illustriertes Konversations-Lexikon«, 5. Band. Verlagsbuchhandlung Otto Spamer. 1876.)

Ostersielzug in Friedrichstadt. Kurzer Verbindungskanal zwischen den Flüssen Treene und Eider. Angelegt 1570

STECKNITZKANAL

Der Kanal – seit 1398

Über Jahrhunderte war Salz fast so wertvoll wie Gold. Nur mit Salz konnten in früheren Zeiten Lebensmittel haltbar gemacht werden, vor allem Fisch und Fleisch. Salz war kostbare Handelsware. Die Lübecker, schon immer auf gute Geschäfte bedacht, waren führend im nordeuropäischen Salzhandel. Nur machte der Transport aus den Salinen in Lüneburg bis in die Hansestadt an der Trave Probleme. Einerseits, weil die von Pferden gezogenen schweren Frachtwagen nur wenige Zentner laden konnten. Andererseits, weil sich die damaligen Wege für derartige Schwertransporte kaum eigneten.

Die Lübecker erkannten: Salztransport auf dem Wasserweg, das wär' die Lösung. Auf der Ilmenau von Lüneburg bis an die Elbe, dann eine kurze Strecke elbaufwärts bis Lauenburg. Und dann ...

Mit Baubeginn im Jahr 1391 (!) schuf das (damals) reiche Lübeck die Verbindung zwischen den kleinen Flüssen Delvenau und Stecknitz durch einen per Hand ausgegrabenen 11,5 Kilometer langen Kanal, dem eigentlichen Stecknitzkanal. Die Delvenau ab Lauenburg und die Stecknitz ab Möllner See wurden erweitert und vertieft. 13 Schleusen mußten gebaut werden, denen im 17. Jahrhundert vier weitere folgten. Für die gesamte Strecke bürgerte sich der Name Stecknitzkanal ein. Nach nur 7 Jahren Bauzeit konnte bereits im Sommer 1398 der Kanal fertiggestellt, die Stecknitzfahrt eröffnet werden. Damit gab es erstmals eine schiffbare Verbindung zwischen Elbe und Trave, zwischen Ostsee und Nordsee.

Der Kanalbau ist eine sensationelle wasserbautechnische Leistung – im Spätmittelalter.

Die Gesamtstrecke betrug – bedingt durch sehr viele Flußwindungen – 93 Kilometer. Schiffbar war der Kanal anfangs für ungefähr 11 Meter lange und bis 2,50 Meter breite Boote, die Stecknitzkähne genannt wurden. Der zugelassene Tiefgang war auf 40 Zentimeter begrenzt. Ab 1527 konnten auch größere Kähne bis 19 Meter Länge und 3,20 Meter Breite den ausgebauten Kanal befahren. Wichtigste Ladung war Salz. Aber auch vielerlei andere Güter wurden in beide Richtungen auf diesem Wasserweg transportiert. Im Normalfall dauerte die Stecknitzfahrt zwei bis drei Wochen.

Die Stecknitzfahrer, die an der Obertrave in Lübeck ihre Salzladung löschten, hatten den Blick auf das Holstentor gratis. Allerdings erst ab 1478. In dem Jahr wurde der Bau des Holstentores vollendet. Die Stecknitzfahrt war aber bereits seit 80 Jahren »in Betrieb«

Auch die zwischen 1579 und 1745 errichteten (heute historischen) sechs Salzspeicher in Lübeck an der Obertrave waren Zielpunkt der Stecknitzfahrer. Vorher standen an dieser Stelle sogenannte Heringsbuden. Auch die wurden wohl per Stecknitzfahrt mit Salz versorgt. Bild: Zwei der historischen Salzspeicher

Die Streckenführung

Der ursprüngliche Verlauf des Stecknitzkanals von Süd nach Nord: Beginnend in Lauenburg an der Elbe. Vorbei an Dalldorf, westlich, und dem mecklenburgischen Zweedorf, östlich, wird Witzeeze erreicht mit der erhaltenen Dückerschleuse. Dann vorbei an Büchen, Siebeneichen, Güster, Grambeck und Mölln. Zwischen dem heutigen Neu-Lankau und Panten befand sich die Stecknitz-Donnerschleuse (heute Donner-

schleuse des Elbe-Lübeck-Kanals). Dann Behlendorf, Berkenthin, Krummesse und Genin (heute Stadtteil von Lübeck). Hier »mündet« der Kanal in die Kanal-Trave. Lübeck ist erreicht. Der eigentliche Kanal, der 11,5 Kilometer lange Verbindungsgraben zwischen den Flüssen Delvenau und Stecknitz, begann knapp südlich von Güster und reichte bis Mölln.

Der Stecknitzkanal mit der Hahnenburger Schleuse bei Mölln. Im Hintergrund das Schleusen-meisterhaus (Hahnenburghaus). Eine Aufnahme aus der Zeit um 1890. Bildnachweis: Stadtarchiv Mölln

Rekord: 498 Jahre lang Kanalbetrieb

Von 1398 bis 1896, also 498 Jahre lang, hat der Stecknitzkanal ununterbrochen der Schiffahrt gedient. Ein Rekord, bewundernswert.

Aber dann, nach rund 500 Jahren, war auch die Zeit des Stecknitzkanals abgelaufen. Bessere Straßen und die Eisenbahn wurden zum Transport von Gütern und Personen genutzt. Und ab 1900 der Elbe-Trave-Kanal (der später in Elbe-Lübeck-Kanal umbenannt wurde). Der Elbe-Trave-Kanal war der Nachfolger des Stecknitzkanals. Auf gleicher Strecke, von Lauenburg bis Lübeck.

Wesentliche Abschnitte des Stecknitzkanals sind in dem Nachfolgekanal aufgegangen. Aus der Gegend bei Büchen bis Lauenburg allerdings fließt sie noch, die Stecknitz, wie zu Kanalzeiten. Der kleine Fluß, auf dem in fünf Jahrhunderten so viele Schiffe fuhren. Der viele Generationen von Schiffern, von Stecknitzfahrern, »erlebte«. Und der, 49 Jahre nach Kanalende, Grenzfluß zwischen zwei Staaten wurde: Bundesrepublik hier, DDR drüben.

Vergangenheit, Geschichte auch das. Die Stecknitzlandschaft im Lauenburgischen ist durchgehend Naturschutzgebiet. Abseits der Straßen, abseits der lauten Welt.

Und die Stecknitz*), so scheint es, träumt still von vergangenen Kanalzeiten.

Noch dieses: Bei dem Fluß, ungefähr von Büchen nach Lauenburg, handelt es sich – eigentlich – gar nicht um die Stecknitz, sondern um die Delvenau. Wieso und warum? Aufklärung im folgenden Bericht »Stecknitz, Delvenau – oder?«, Seite 20.

*) Der Verlauf der Stecknitz (sprich: Delvenau) ist gut nachzuvollziehen in der ➲ Wander- und Freizeitkarte Nr. 12, 1 : 50.000.

Von Dalldorf in Schleswig-Holstein führt eine kleine Straße über den Elbe-Lübeck-Kanal nach dem nahe gelegenen Zweedorf in Mecklenburg. Nach etwa 400 Metern überquert die Straße mittels schmaler Brücke die Stecknitz. Von dieser Brücke aus Blick nach beiden Seiten auf die durch Verlandung schmal gewordene Stecknitz (sprich: Delvenau)

*Einmündung des Stecknitzkanals in den Möllner See.
Im Vordergrund die zusätzliche, 1601 errichtete Stauschleuse »in der Kehle«. Eine Aufnahme aus der Zeit
um 1890. Bildnachweis: Stadtarchiv Mölln*

Stecknitzkahn in Fahrt. Foto vermutlich 1880er Jahre. Bildnachweis: Stadtarchiv Lauenburg/Elbe

Stecknitz, Delvenau – oder?

Eigentlich scheint die Sache klar: Jenes Flüßchen, das sich von der Ortschaft Büchen südwärts bis zur Stadt Lauenburg an der Elbe kurvenreich durch Felder und Wiesen windet, heißt Stecknitz.

Falsch, versichern Geographie-Experten. Die wahre Stecknitz sei (bzw. war) ein aus dem Möllner See entspringendes, nach Norden fließendes Nebenflüßchen der Trave. Und die sogenannte Stecknitz im südlichen Lauenburgischen sei in Wahrheit die Delvenau.

Schuld an dem Namendurcheinander hat der Stecknitzkanal, dieser 11,5 Kilometer lange »Graben« (der eigentliche Kanal), der die richtige Stecknitz mit der richtigen Delvenau verband. Und damit die erste schiffbare Verbindung zwischen Trave und Elbe, das heißt zwischen Ostsee und Nordsee, herstellte.

Man sprach und spricht noch immer vom Stecknitzkanal. Und meint damit die gesamte Strecke: die eigentliche Stecknitz, den »Graben« und die Delvenau. Der Stecknitzkanal ist Geschichte, der Name Stecknitz blieb. Jetzt auch für jenen Abschnitt im Süden, der doch in Wahrheit die Delvenau ist.

In amtlichen Landkarten des Landesvermessungsamtes Schleswig-Holstein*) wird der Südabschnitt wie folgt beschriftet: »Stecknitz (Delvenau)«.

Übrigens, die richtige Stecknitz, jene aus dem Möllner See Richtung Trave, ist mitsamt dem nördlichen Abschnitt des vormaligen Stecknitzkanals weit überwiegend aufgegangen im heutigen Elbe-Lübeck-Kanal.

*) In der ⊃ Kreiskarte Herzogtum Lauenburg, 1:75.000 und in der ⊃ Wander- und Freizeitkarte Nr. 12, 1:50.000.

Abschnitt der Stecknitz (Ex. Delvenau) bei Witzeeze

Die Dückerschleuse konnte gerettet werden

Die meisten Schleusen der Stecknitzfahrt waren keine Kammerschleusen, sondern Stauschleusen, ausgestattet mit nur einem Schleusentor beziehungsweise einem Stauwehr. Das zufließende Wasser wurde davor gestaut. Die Delvenau, Fließrichtung nach Süden zur Elbe, und die Stecknitz, Fließrichtung nach Norden zur Trave, waren ja weiterhin mitsamt ihren zufließenden Nebenbächen aktiv. Sie lieferten das Stauwasser. Aufgestaut wurde, je nach Menge des zufließenden Wasssers, bis zu 48 Stunden. In trockenen Sommern wohl auch länger. Auf dem Stauwasser sammelten sich die Kähne. Wurde dann das Schleusentor / das Wehr geöffnet, ließen sich die Schiffe mit der Stauwelle treiben. Bis zur nächsten Stauschleuse. In der Gegenrichtung, gegen den Strom, funktionierte dieses Verfahren natürlich nicht. Dann mußte getreidelt werden. Wegen der vielen Windungen und Kurven des Kanals war Segeln zumeist nicht möglich.

Die historische Dückerschleuse in Witzeeze*) ist die einzige erhaltene Stauschleuse. Bereits seit Beginn der Stecknitzfahrt wurde bei Witzeeze eine Schleuse betrieben. 1789 wurde sie neu errichtet. Die Schleuse hat ihren Namen vom Schleusenmeister Hans Dücker, der Ende des 16. Jahrhunderts von Herzog Franz II. von Sachsen-Lauenburg mit der Schleuse belehnt wurde.

Nach Ende der Stecknitzfahrt verfiel die Dückerschleuse mehr und mehr. Ihr endgültiger »Untergang«, ihr Verschwinden, schien nur noch eine Frage weniger Jahre. Zwar war das Schleusenensemble 1987 unter Denkmalschutz gestellt worden, aber der Verfall der inzwischen total desolaten Schleuse ging dennoch weiter. Der 1988 gegründete »Förderkreis Kulturdenkmal Stecknitzfahrt e.V.« machte es sich (unter anderem) zur Aufgabe, die Dückerschleuse zu retten. Mit zäher Ausdauer, mit Elan, trotz mancher unverständlicher Widerstände, gelang es dem Förderkreis, diese kulturhistorisch bedeutende Stauschleuse am ältesten Schiffahrtskanal Schles-

wig-Holsteins zu sanieren. 100.000 D-Mark stellte das Land Schleswig-Holstein aus Mitteln der Denkmalpflege zur Verfügung.

Am 8. Oktober 1995 wurde die gerettete Dükkerschleuse eingeweiht. Dem »Förderkreis Kulturdenkmal Stecknitzfahrt e.V.« sei Dank!

*) Ortsbestimmung Witzeeze: Zwischen Büchen und Lauenburg am heutigen Elbe-Lübeck-Kanal gelegen. Auf der Ostseite des Kanals, unmittelbar nach der Straßenbrücke, ist der Weg zur Dükkerschleuse ausgeschildert.

Motiv an der historischen Dückerschleuse

Schleuse mit Wirtshaus

Mit dem Kahn vor der Stauschleuse liegen und warten, bis genügend Wasser für die Weiterfahrt aufgestaut war. Das dauerte. Bis zu 48 Stunden. In regenarmen Sommern auch länger. Die Stecknitzfahrer waren die Warterei gewohnt. Aber zeitraubend und langweilig war's doch.

Zum Glück hatten Schleusen auch ein Wirtshaus. Für Essen und Trinken. Und zum willkommenen Klönschnack mit anderen Schiffern. Johannes von Schröder und Hermann Biernatzki berichten 1855/1856*) von folgenden Schleusenwärterwohnungen mit Wirtshausbetrieb:

Berkenthiner Schleuse, Donnerschleuse, Oberschleuse, Seeburger Schleuse, Siebeneichener Schleuse, Hornbeker Schleuse.

Auch im Schleusenmeisterhaus an der Dückerschleuse bei Witzeeze und im Schleusenmeisterhaus bei Mölln (Hahnenburghaus) wurden Bier und Branntwein ausgeschenkt.

*) In ihrer »Topographie der Herzogthümer Holstein und Lauenburg...«, 2. Auflage. 1855/1856.

An der historischen Dückerschleuse von Witzeeze. Im Hintergrund das reetgedeckte Schleusenmeisterhaus von 1720. Heute in Privatbesitz und für Besucher nicht zugänglich

Das Schleusenmeisterhaus der Hahnenburger Schleuse bei Mölln (= Hahnenburghaus). Foto aus der Zeit um 1890. Bildnachweis: Stadtarchiv Mölln

Die Palmschleuse

Die Palmschleuse bei Lauenburg gilt als die älteste Kammerschleuse Europas. Bereits seit Eröffnung des Stecknitzkanals 1398 wurde hier geschleust. Heute ist die Palmschleuse das bekannteste, besterhaltenste und schönste Bauwerk dieser einst berühmten »Wasserfahrt«. Ihr heutiges Aussehen erhielt die Schleuse durch eine Erneuerung im Jahr 1724. Sie faßte etwa zwölf der damaligen Salzkähne.

Ursprünglich hieß die Schleuse »Schlüse to Bockhorst«. Aber nachdem Herzog Franz II. im Jahr 1592 seinen Kammerdiener Palm zum Schleusenmeister ernannt hatte, bekam sie den Namen Palmschleuse. Dabei ist es geblieben.

Kammer der Palmschleuse bei Lauenburg

Die Schleusen – notiert 1842

In seiner »Topographie des Herzogthums Holstein (...) und des Herzogthums Lauenburg« berichtet Joh. Friedrich Aug. Dörfer im Jahr 1842 über die Schleusen des Stecknitzkanals wie folgt:

»Heutiges Tages befinden sich auf der Stekenitz folgende theils Stau-, theils Kastenschleusen: die Frauwerderschleuse am Ausflusse in die Elbe, die Palm-, Dücker-, Nibuer-, Büchener-, Siebeneichener-, Seeburger-, Zienburger-, Grambecker-, Hahneburger-, Unter- und Ober-, Hammer-, Donner- und Berckentinerschleuse.«

Hahnenburger Kammerschleuse (bei Mölln). Foto aus der Zeit um 1890, also wenige Jahre vor endgültiger Aufgabe des Kanals. Bildnachweis: Stadtarchiv Mölln

Eigenes Kirchengestühl

Vielleicht waren die Stecknitzfahrer gottesfürchtige Leute. Oder sie waren sehr um ihr Seelenheil besorgt. Oder beides ist zutreffend. Genaues weiß man nicht.

Jedenfalls richteten sie ihre Fahrten so ein, daß sie sonntags in der Kirche eines der Kirchorte am Kanal den Gottesdienst besuchen konnten. Zu den Kanal-Kirchorten gehörten Krummesse*), Berkenthin*), Mölln*), Siebeneichen*) und Büchen*). Und, an den beiden Endpunkten, Lübeck und Lauenburg.

Es spricht für das Selbstbewußtsein, wohl auch für die finanziellen Möglichkeiten der Schiffer, daß sie in einigen Kirchen ihr eigenes Kirchengestühl einrichten ließen. Zum Beispiel in der Möllner Kirche eine kostbare Kirchenbank. Mit geschnitzten Inschriften und natürlich mit dem Symbol der Stecknitzfahrer: Haken und Staken.

*) Ortsbestimmung Krummesse, Berkenthin, Mölln, Siebeneichen und Büchen: Orte am vormaligen Stecknitzkanal, heute am Elbe-Lübeck-Kanal, im Kreis Herzogtum Lauenburg gelegen.

⮑ Hilfreich: Kreiskarte Herzogtum Lauenburg, 1 : 75.000.

Auch die Kirche von Siebeneichen war eine Stecknitzfahrer-Kirche

Geschnitzter Text in der Stecknitzfahrer-Kirchenbank
in der St. Nicolai-Kirche zu Mölln:
DISSE STOL HORT DEN STEKE VARES UN DE ERREN ERVEN. 1576

Detail an der Stecknitzfahrer-Kirchenbank, das Symbol der
Stecknitzschiffer: Haken und Staken

Mölln, Till Eulenspiegel und die Stecknitzfahrt

Gebürtiger Möllner ist Till Eulenspiegel nicht. Dieser Urvater des Schalks war ein Zugereister. Mit einem Frachtkahn der Stecknitzfahrt ist Till nicht nach Mölln gekommen. Dafür war er zu früh unterwegs. Denn bereits um 1350 soll dieser Erzschelm in Mölln gestorben sein. Die Stecknitzfahrt begann aber »erst« 1398. So blieben die Stecknitzfahrer von den berühmt-berüchtigten Streichen Till Eulenspiegels verschont. Wahrscheinlich hätte der einen Grund gefunden, um die Salzladung eines Kahns langsam in den Kanal fließen zu lassen.

In Mölln*), dem Kneippkurort, eingebettet in wunderschöne Landschaft mit Seen und Wald, wird die Erinnerung an Till Eulenspiegel und an den Stecknitzkanal in vielfacher Weise gepflegt.

Im Möllner Museum, in den Räumen des Historischen Rathauses, erfährt der Besucher, welche Bedeutung der Stecknitzkanal für die wirtschaftliche Entwicklung Möllns hatte. Mit interessanten Einzelheiten. Zum Beispiel, daß die Stecknitzfahrer das Möllner Bier besonders geschätzt haben. Dafür waren einst mehr als 60 private Brauer in der Stadt tätig. Das Möllner Brot, eine Art haltbarer Zwieback, war ein wichtiger Handelsartikel. Auch von den Schiffern begehrt.

Gegenüber, am historischen Marktplatz, informiert das Eulenspiegelmuseum über die Entstehung des Eulenspiegelbuches. Und über die bekanntesten Streiche von Till.

*) Stadt Mölln: 18.494 Einwohner (Stand: September 2009).

Till Eulenspiegel als Brunnenfigur unterhalb der Stadtkirche St. Nicolai auf dem historischen Markt in Mölln

Aufgang zum historischen Möllner Rathaus, ein gotischer Backsteinbau aus der 2. Hälfte des 14. Jahrhunderts. Daneben Turm und Teil des Kirchenschiffes der Stadtkirche St. Nicolai

Haken und Staken

Haken und Staken gehörten zur Arbeitsausrüstung der Stecknitzfahrer.

Der Haken, vollständig: Bootshaken, ist eine Stange mit einem Haken am Ende. Damit konnten die Schiffer ihre Kähne an andere Boote, an Anleger, an das Ufer heranziehen. Und auch Gegenstände aus dem Wasser herausfischen. Der Staken (auch die Stake genannt) diente zum Abstoßen des Bootes vom Grund, von der Uferkante, von der Schleusenmauer.

Haken und Staken in gekreuzter Form wählten die Stecknitzfahrer zu ihrem Wappensymbol. Das beweist, wie wichtig diese beiden Gegenstände für das tägliche Arbeitsleben waren.

Die Gemeinde Siebeneichen**) hat den Stecknitzfahrern Referenz erwiesen. In ihrem heutigen Gemeindewappen sind vereint: sieben Eichen, die Fährglocke*) und das bekannte Symbol der Stecknitzfahrer, Haken und Staken.

*) Fährglocke als Symbol der heutigen Fähre über den Elbe-Lübeck-Kanal

**) Ortsbestimmung Siebeneichen:
Ortschaft vormals am Stecknitzkanal, heute am Elbe-Lübeck-Kanal, ca. 12 Kilometer südlich von Mölln.

➲ Hilfreich: Kreiskarte Herzogtum Lauenburg, 1 : 75.000

Gesehen in Lauenburg an einer Hauswand in der Altstadt: Wappensymbol der Stecknitzfahrer mit der Jahreszahl 1398 – dem Jahr, in dem der Stecknitzkanal eröffnet wurde

Das heutige Wappen von Siebeneichen mit dem Symbol der Stecknitzfahrer: Haken und Staken

Die Linientrekker

Treideln erläutert »Meyers Kleines Konversations-Lexikon«, Ausgabe 1914, so: *»Treideln (holländ. Trekken), das Ziehen von Flußschiffen an einem Masttau (Leinenzug) durch Menschen (Linienzieher) oder Pferde auf dem Treidelweg.«*

Auch am Stecknitzkanal wurde getreidelt, hier von Menschen. Die Linienzieher, zumeist Linientrekker genannt, wohnten in Dörfern am Kanal. Zum Beispiel in Genin*), Krummesse**) und Berkenthin**). Es war eine mühsame, sehr anstrengende Arbeit, die beladenen Schiffe von Land aus an langer Leine vorwärtszuziehen.

*) Ortsbestimmung Genin: Heute Stadtteil von Lübeck.
**) Ortsbestimmung Krummesse und Berkenthin: Orte am nördlichen Abschnitt des heutigen Elbe-Lübeck-Kanals.

➲ Hilfreich: Kreiskarte Herzogtum Lauenburg, 1:75.000.

Linientrekker bei der mühsamen Arbeit des Treidelns. Eine Zeichnung aus dem Jahr 1867. Bildnachweis: Historische Sammlung W. Scharnweber

Reichlich Bier für die Linientrekker

Aus einem am 16. Februar 1848 geschlossenen Vertrag*) zwischen 29 Stecknitzfahrern und 24 Linienziehern (Linientrekkern):

»§ 1: Die 24 Linienzieher übernehmen für die sie zu diesem Linienzieherdienst annehmenden Schiffer, als, was dieses Geschäft betrifft, ihre Dienstherrn, den Transport ihrer Schiffahrt von Lübeck beim Wasserbaum bis zur Berkenthiner Schleuse und erhalten dafür vom Schiffer für jede Tour d.h. für die eine Tour von Lübeck bis Cru- meße (heute Krummesse), *wie auch für die Tour vom Crumeße bis nach Berkenthin in baarem Gelde a. Mann Linienzieherlohn 26 Schillinge, eine halbe Flasche Branntwein und so viel Bier als sie trinken mögen.«*

*) Quelle: Infoschrift »Die Stecknitzfahrt« von Walter Müller, 3. Auflage. Im Auftrag des »Förderkreises Kulturdenkmal Stecknitzfahrt e.V.« herausgegeben von Dr. Christel Happach-Kasan. Ratzeburg 2002. ISBN 3-9802782-0-5.

»Ich sage euch, Schiffe treideln ist harte Arbeit. Immerhin, Freibier gibt es reichlich.«
Zeichnung von 1878. Bildnachweis: Historische Sammlung W. Scharnweber

Passagezahl

»Im Jahr 1853 (also im 455. Jahr des Bestehens des Kanals, Anm. Autor) *passirten die Palm-schleuse 526 beladene und 74 leere Fahrzeuge.«*

(Aus: »Topographie der Herzogthümer Holstein und Lauenburg, des Fürstenthums Lübeck und des Gebiets der freien und Hanse-Städte Hamburg und Lübeck.« Von Johannes von Schröder und Hermann Biernatzki. 2. Auflage, 2. Band. 1856).

Schiffswerft an der Stecknitz, um 1870. Bildnachweis: Historische Sammlung W. Scharnweber

Schiffswerft an der Stecknitz (Lauenburg.)

*In Berkenthin am heutigen Elbe-Lübeck-Kanal. Gräber
von Stecknitzfahrern auf dem alten Friedhof*

Stecknitzkanal – beschrieben 1761

»Steckenick, ein Canal zwischen Trave und Elbe, welcher von Moißlingen bey Lübeck nach Möllen, und so weiter nach Lauenburg in die Elbe geht. Er ist aus etlichen Flüssen zusammengeleitet, und durch verschiedene Schleussen also eingerichtet worden, daß kleine platte Schiffe, Evers genannt, von Lübeck zu Wasser in die Elbe kommen können.«

(Aus: »Johann Hübners Neu-vermehrtes und verbessertes Reales Staats-, Zeitungs- und Conversations-Lexicon«. In der Auflage von 1761)

Grabstele auf dem Friedhof von Berkenthin mit dem Symbol der Stecknitzfahrer, Haken und Staken, und der Jahreszahl 1862

Stecknitzkanal und Lauenburgs malerische Altstadt

Dem Stecknitzkanal haben die Lauenburger viel zu verdanken. Oder, genauer gesagt, ihrem Herzog Erich V. Er verlieh den Lauenburgern anno 1417 – also nur 19 Jahre nach Eröffnung des Kanals – ein bedeutsames Privileg. Nämlich, daß nur Lauenburger Schiffer die Waren, die von Lübeck aus auf den Kanal kamen, auf der Elbe und nach Hamburg weiterbefördern durften. Dieses Lauenburger Schiffermonopol führte zur wirtschaftlichen Blüte der Stadt. Johannes von Schröder und Hermann Biernatzki schrieben 1855[*]):

»Durch die Elbschiffahrt und Stecknitzfahrt hob sich der Ort bald so, daß der sehr beschränkte Raum der eigentlichen Stadt mit Häusern angefüllt war und auf den Ländereien und Wällen und in den ehemaligen Burggräben des Schlosses die Vorstädte sich bildeten.«

Rund 400 Jahre lang hatte dieses Privileg der Lauenburger Schiffer Bestand. Dann kam das Ende. Zitat Dehio[**]): *»Nach Aufhebung der Schiffahrtsprivilegien 1822 / 44 wirtschaftlicher Rückgang.«*

Lauenburgs malerische Altstadt, seit 2001 unter Denkmalschutz stehend, stammt noch aus der »großen Zeit« der Stecknitzfahrt. In einem geschlossenen Ensemble reihen sich Fachwerkhäuser aus dem 16., 17. und 18. Jahrhundert aneinander. Geschmückt mit beschnitzten und bemalten Knaggen, mit Schnitzornamenten und mit Spruchinschriften auf dem Balkenwerk.

Diese einzigartige Altstadt auf schmalem Uferstreifen an der Elbe ist Erinnerung an Privilegien Lauenburger Schiffer, an Zeiten wirtschaftlicher Blüte, an den Stecknitzkanal.

[*]) In »Topographie der Herzogthümer Holstein und Lauenburg…«, 2. Auflage, 1. Band. 1855.

[**]) In »Handbuch der Deutschen Kunstdenkmäler. Hamburg / Schleswig-Holstein«. Deutscher Kunstverlag. 1994.

Morgenstimmung in der
Elbstraße in Lauenburgs
malerischer Altstadt

Das Mensingsche Haus von 1573,
das älteste Bürgerhaus in der Stadt.
Die Jahresangabe 1513 auf dem
Holzbalken über der Tür ist ein
historischer Schreibfehler

ALSTER-BESTE-KANAL

Alster-Beste-Kanal, der erste Versuch

Der 1398 eröffnete Stecknitzkanal florierte, erwies sich als wirtschaftlicher Erfolg. Den Hamburgern gefiel das offenbar nur bedingt. Begann der Kanal an der Elbe doch bei Lauenburg, nicht in Hamburg. Die Hamburger wünschten sich eine eigene »Wasserfahrt« zwischen ihrer Stadt und Lübeck an der Trave. Und damit »ihre« Verbindung zwischen Nordsee und Ostsee.

1448, 50 Jahre nach Eröffnung des Stecknitzkanals, schloß Hamburg mit dem damaligen Landesherrn von Holstein, dem Grafen Adolf, einen Vertrag zum Ausbau einer schiffbaren Wasserverbindung zwischen Alster und Beste. Dafür sollten die Alster, die sogenannte Alte Alster*), die Flüßchen Norderbeste*) und Beste*) miteinander verbunden werden. Über die Beste erreichte man die Trave und folglich Lübeck. Die Flußstrecken mußten entsprechend ausgebaut, kanalisiert werden. Schleusen waren zu bauen. Und der Verbindungskanal von der Alten Alster bis nach Sülfeld*) war auszugraben.

Wie geplant, wurde mit den Bauarbeiten begonnen. Aber der ehrgeizige Plan scheiterte nach kurzer Zeit. Es gab unüberwindbare wasserbautechnische Schwierigkeiten. Vielleicht fehlte es auch am nötigen Geld.

Fortgeführt wurden nur Kanalisierungsarbeiten an der Alster bis Stegen*), einschließlich Anlage von Schleusen. Damit war Warentransport auf der Alster von Hamburg bis Stegen ab 1465 möglich.

Der vollständige Alster-Beste-Kanal (vielfach auch Alster-Trave-Kanal genannt) war allerdings (noch) nicht zustande gekommen.

*) Orts- und Lagebestimmungen:

Alte Alster:
Galt bis zum 18. Jahrhundert als Quellfluß der Alster. Mündet bei Stegen (Kreis Stormarn) in die Alster.

Norderbeste:
Entspringt südlich von Itzstedt (Kreis Segeberg). Nach 15 Kilometern erfolgt südlich von Bad Oldesloe der Zusammenfluß mit der Süderbeste. Daraus entsteht die Beste.

Beste:
Mündet nach nur rund 5 Kilometern bei Bad Oldesloe in die Trave.

Sülfeld:
Im Kreis Segeberg, rund 8 Kilometer westlich von Bad Oldesloe (Kreis Stormarn).

Stegen:
Gut Stegen gehört zur Gemeinde Bargfeld-Stegen (Kreis Stormarn). Lage an der Alster. Nur wenige Kilometer entfernt vom nördlichen Hamburger Stadtrand.

⮥ Hilfreich: Kreiskarte Segeberg, 1:75.000
Die Karte enthält auch die vorgenannten Orte im Kreis Stormarn.

Als Teilstück der projektierten Wasserfahrt Alster-Beste-Trave war die ausgebaute, kanalisierte und mit Schleusen versehene Alster ab 1465 zwischen Hamburg und Stegen schiffbar. Bild: Heutige Alster bei Kayhude

Alster-Beste-Kanal – im zweiten Anlauf

Im ersten Versuch, anno 1448, konnte der Alster-Beste-Kanal nicht vollendet werden. Aber die Hamburger gaben nicht auf. 1525 kam es zu einem neuen Vertrag zwecks Kanalbau. Hamburg, dieses Mal zusammen mit Lübeck, vereinbarten mit dem nunmehrigen Landesherrn, König Friedrich I. von Dänemark, die vertraglichen Einzelheiten. Hamburg und Lübeck sollten gemeinsam die Baukosten tragen. Das erforderliche Gelände sowie Bauholz für Schleusen und Stauungen wollte der König zur Verfügung stellen. Im übrigen sollte so verfahren werden, wie bereits im Vertrag von 1448 vereinbart. Einschließlich der damals projektierten Streckenführung.

Der Kanalbau gelang. Bereits 1529 begann diese »Wasserfahrt« zwischen Hamburg und Lübeck. Die ausgebaute Kanalstrecke betrug rund 90 Kilometer, davon der Verbindungskanal (der »Graben«) etwa 8 Kilometer. Die Kähne mußten viele Schleusen – angeblich 23 – passieren.

Doch von Anfang an gab es enorme Schwierigkeiten. Es gelang nicht, fortwährend die nötige Wassertiefe zu gewährleisten. So hatten die Boote, trotz ihres geringen Tiefgangs, immer wieder Probleme. Die Konstruktion der Schleusen und Stauungen war nicht ausgereift. Dadurch wurden Ländereien anliegender Gutsbesitzer häufig von Stauwasser weitflächig überschwemmt. Das führte zu heftigen Streitigkeiten. Gutsherren sollen sogar Kähne auf dem Kanal angehalten und beschlagnahmt haben.

Alle diese Umstände führten dazu, daß der Kanal bereits nach rund 20 Jahren, im Jahr 1550, außer Dienst gestellt wurde.

An die Erfolgsgeschichte des Stecknitzkanals, der es auf eine Betriebszeit von 498 Jahren brachte, konnte der Alster-Beste-Kanal nicht im mindesten anknüpfen.

In Sülfeld*) blieb ein Abschnitt des »Grabens«, der die Alte Alster mit der Norderbeste verband, als archäologisches Denkmal über die Jahrhunderte erhalten. Ein Spazierpfad führt daran entlang.

*) Ortsbestimmung Sülfeld: Siehe Fußnote zum Bericht »Alster-Beste-Kanal – der erste Versuch«, Seite 41.

In Sülfeld wird mit Straßennamen an den »Alten Alsterkanal«, der auch »Großer Graben« genannt wurde, erinnert

Seit nunmehr
462 Jahren
wird der Ver-
bindungskanal
zwischen Alter
Alster und der
Norderbeste
(der »Graben)
nicht mehr für
die Schiffahrt
genutzt. Und
doch blieb
über die Jahr-
hunderte hier
bei Sülfeld ein
Teilstück mit
hohen Böschun-
gen erhalten

In Neritz gab es mächtig Zoff

Auch die Norderbeste gehörte als Teilstrecke zum Alster-Beste-Kanal. Ab Sülfeld wurde dieser kleine Fluß ausgebaut und begradigt, das heißt, kanalisiert. In Neritz*) entstand 1528 eine Stauschleuse. Und an der eigens eigerichteten Zollstätte mußten die Schiffer Maut bezahlen.

Wie an anderen Kanalabschnitten, gab es auch in Neritz bald massive Streitigkeiten. Vor allem wegen hoher Stauungen vor der Schleuse. Dadurch kam es zu Überschwemmungen angrenzender landwirtschaftlicher Flächen. Verzichten konnte die Kanalverwaltung auf Stauungen nicht. Nur durch Stauwasser hatten die Kähne nach Öffnen der Schleuse – wie auf einer Flutwelle – genügend Wasser unter dem Kiel. Bis zur nächsten Stauschleuse. Königlich dänische und hanseatische Vertreter aus Lübeck versuchten in den Auseinandersetzungen zu vermitteln. Vergeblich. In alten Unterlagen ist zu lesen:
»Der Schleusenmeister zu Neritz, Carsten Schröder, wurde von einem Untertan des Grafen von Buchwaldt, dem Gutsherrn auf Borstel, erschlagen.«

1550 erfolgte, wie ausgeführt, die Einstellung der Schiffahrt auf dem Alster-Beste-Kanal. In Neritz herrschte wieder Ruhe. Die hiesige Kanal-Zollstätte blieb geschlossen. Die Schleuse verschwand.

*) Ortsbestimmung Neritz: Wenige Kilometer westlich von Bad Oldesloe, an der B 75.

➲ Hilfreich: Kreiskarte Stormarn, 1 : 75 : 000

*Die Norderbe-
ste bei Neritz.
Vor 483 Jahren
als Teilstrecke
des Alster-
Beste-Kanals
von Kähnen mit
Handelsware
befahren. Von
der ehemaligen
Schleuse findet
sich keine Spur*

Canal-Notiz 1855

»1768 wurde der Stadt Hamburg von der Krone Dänemark die Befugniß zugestanden, den alten Alster-Canal aufzuräumen und die Verstopfung desselben ist noch jetzt den Anliegern bei Strafe untersagt.«

(Aus: »Topographie der Herzogthümer Holstein und Lauenburg, des Fürstenthums Lübeck und des Gebiets der freien und Hanse-Städte Hamburg und Lübeck.« Von Johannes von Schröder und Hermann Biernatzki. 2. Auflage, 1. Band. 1855)

Diese »Brücke« über den »Großen Graben« bei Sülfeld stammt aus heutiger Zeit. Und Hamburg ist dafür auch nicht »zuständig«

Schiffahrt auf der kanalisierten Alster

Die Schiffahrt auf der gesamten Strecke Alster-Beste-Trave mußte bereits 1550 eingestellt werden. Die seit 1465 kanalisierte Alster blieb jedoch von Hamburg bis Kayhude*) und Stegen schiffbar. Mehrere Schleusen regelten den Wasserstand. Noch Mitte des 19. Jahrhunderts wurde auf dieser Strecke Schiffahrt betrieben. Schröder / Biernatzki berichten in ihrer »Topographie der Herzogthümer Holstein und Lauenburg (...)« (2. Auflage, 1. Band, 1855):

»Bis an Hamburg hat dieser Fluß 9 Schleusen. Die Stadt Hamburg (...) hat die Verpflichtung, auch die Alsterschleusen auf holsteinischem Gebiet zu unterhalten, und sogar die Brücken bei Stegen und Naherfurth). Die Schiffahrt auf der Alster hört während des Monats Juni auf, um die angränzenden Wiesen nicht zu überschwemmen; denn da die Schleusen keine Kastenschleusen sind, so entsteht bei dem Durchgange jedes Bootes bei Heidkrug*) eine Überströmung, während das Alsterbett oberhalb fast ganz geleert wird. Die Entfernung von der ersten Schleuse bis Hamburg beträgt nur 3 Meilen, aber die vielen Krümmungen der Alster verlängern sie bis zu 8 Meilen, und die Hin- und Herfahrt währt gewöhnlich 10 bis 12 Tage.«*

Verbesserte Straßenverhältnisse und die Eisenbahn bedeuteten auch für den Warentransport auf der Alster das »Aus«. Henning Oldekop schreibt in seiner »Topographie des Herzogtums Holstein« im Jahr 1908 im Abschnitt Kayhude*):

»Die eigentliche Schiffahrt auf der Alster ruht, der Fluß ist aber befahrbar, kleine Schiffe verkehren dann und wann und alljährlich findet Revision seitens einer Kommission statt, da Hamburg

verpflichtet ist für Instandhaltung des Flusses und der Schleusen Sorge zu tragen.«

Vorschlag für einen Kayhuder Alsterspaziergang: Vom Parkplatz (vor dem Spielplatz) ein paar Schritte Richtung Tennisplätze gehen. Dort den Fußweg nach links nehmen. So kommt man »automatisch« an die Alster und zu einer ehemaligen Schleusenkammer.

*) Ortsbestimmungen:

Kayhude:
An der B 432, an der Alster. Nur rund 5 Kilometer nördlich vom Hamburger Stadtrand.

Heidkrug:
An der Alster, an der B 432. Direkt südlich an Kayhude anschließend.

Naherfurth:
An der Alster, an der B 432, knapp nördlich von Kayhude.

➲ Hilfreich: Kreiskarte Segeberg, 1 : 75.000.

Alster bei Kayhude

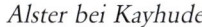

Jahreszahl am oberen Rand der Schleusenkammer. Vermutlich Jahr der letzten
grundlegenden Instandsetzung

Schleusenkammer der kanalisierten
Alster bei Kayhude

»Alsterböcke«

Auf dem Alster-Beste-Kanal, sodann nur noch auf dem Abschnitt der kanalisierten Alster zwischen Hamburg und Stegen (Kreis Stormarn), besorgten Boote mit sehr geringem Tiefgang den Transport der Fracht. Diese Kähne wurden »Alsterböcke« genannt. Befördert wurden unter anderem Holz, Segeberger Gips und vor allem Torf. Die Gemeinde Kayhude im Kreis Segeberg hat das Motiv eines Alster-Torfkahns (eines »Alsterbocks«) in ihr Gemeindewappen aufgenommen. Auch auf dem Ortsschild »fährt« ein Torfkahn auf der himmelblauen Alster.

Auf dem Kayhuder Ortsschild:
Alster-Torfkahn (»Alsterbock«)

Planspiele

Nach Stillegung der durchgehenden Alster-Beste-Trave-Fahrt im Jahr 1550 blieben die Straßenverhältnisse im angrenzenden Land noch über Jahrhunderte schlecht bis katastrophal. Und Hamburg benötigte aus dem erweiterten Umland Holz und Torf, Kalk aus Segeberg, Ziegelsteine, Getreide. Deshalb wurde über eine neue Alster-Beste-Trave-Wasserfahrt nachgedacht. Zitat*):

»Verschiedentlich ist im Laufe der Jahrhunderte der Gedanke an die alte Alster-Trave-Verbindung noch wieder aufgetaucht, ohne jemals erneut zur Ausführung zu kommen. Zum letztenmal regte im Jahr 1820 die Patriotische Gesellschaft in Hamburg den Plan an durch Stellung einer Preisaufgabe: Ab und auf welche Weise eine gut schiffbare Gemeinschaft zwischen der Alster und Trave (...) möglich sei, und welche Zeit und Kosten sie erfordern werde. Dann haben die neuzeitlichen Chausseen und Eisenbahnen den Plan endgültig in Vergessenheit geraten lassen.«

*) Aus »Stormarn. Der Lebensraum zwischen Hamburg und Lübeck«. Verlag von Paul Hartung KG in Hamburg. 1938.

Kanalisierter Alsterabschnitt bei Kayhude. Trotz mancher Planungen ist es zu einer durchgehend schiffbaren Verbindung zwischen Alster und Trave nach 1550 nicht wieder gekommen

KANAL SÜDERBOOTFAHRT

Von Garding nach Katingsiel

Im Stadtplan ist es nachzulesen: In Garding*), dem kleinen, gemütlichen Hauptort der großen Halbinsel Eiderstedt, gibt es einen Hafenplatz. Einen Hafen gibt es nicht, genauer gesagt: nicht mehr. Vor Zeiten war Garding, inmitten der Landschaft und abseits der Küste gelegen, tatsächlich Hafenstadt. Bereits M. Anton Heimreich hat in seiner berühmten »Nordfresischen Chronik« (2. Auflage, 1668) berichtet: »Es hat auch Gardingen besonders eine feine Schiffahrt.«

Zum Hafenort wurde Garding durch einen gegrabenen Kanal, der bis heute Süderbootfahrt**) genannt wird. Baubeginn soll 1612 gewesen sein. Der 6,5 Kilometer lange Kanal führt von Garding bis Katingsiel*). Nunmehr war Garding auf dem Wasserweg mit der Eider und der Nordsee, also mit »der Welt da draußen«, verbunden. Diese Anbindung war wirtschaftlich bedeutend. Die Wegeverhältnisse waren auf Eiderstedt damals katastrophal. Deshalb machte es enorme Schwierigkeiten, die großen Überschüsse landwirtschaftlicher Produkte auszuführen, zu verkaufen. Dank der Süderbootfahrt konnten die Waren an die Küste gebracht werden. Von hier aus wurden sie weiterverschifft.

Mit der Verbesserung der Transportwege auf dem Land – Chausseebau, Eisenbahn – verlor der Kanal Süderbootfahrt ab Mitte des 19. Jahrhunderts mehr und mehr an Bedeutung. Henning Oldekop berichtet 1906 in seiner »Topographie des Herzogtums Schleswig« unter dem Stichwort Garding: »Schiffahrt ist sehr gesunken, die Kosten zur Instandhaltung des Hafens sind größer als das vereinnahmte Hafengeld.«

Und der weiland königliche Landrat Fritzsche schreibt in einem Beitrag in der Oldekop'schen Topographie: »Katingsiel, wohin von Garding der Süderbootfahrt-Kanal führt (...). Der Schiffverkehr zu diesem kleinen Hafenort ist nach Eröffnung der Bahn Tönning – Garding zurückgegangen.«

Schließlich wurde der Gardinger Hafen nach und nach zugeschüttet. Der Kanal Süderbootfahrt jedoch blieb erhalten.

*) Ortsbestimmung Garding, Katingsiel:

Garding liegt an der B 202, die auf Höhe Tönning von der B 5 abzweigt. Kating lag – ca. 5 Kilometer südöstlich von Garding (Luftlinie) – ursprünglich unmittelbar an der Eider. Heute durch die inzwischen eingedeichte »Grüne Insel« aber im Land.

**) Lagestimmung Süderbootfahrt:

Von Garding erst nach Süden, dann bei Hülkenbüll***) abknickend nach Osten, an der Südermarsch entlang. Dann wieder Richtung Südost bis Katingsiel.

***) Ortsbestimmung Hülkenbüll:

In Garding von der B 202 abfahren Richtung Welt. Erste (kleine) Straße links ab.

⮌ Hilfreich: Wander- und Freizeitkarte Nr. 2, 1:50.000.

Brücke über die Süderbootfahrt bei Hülkenbüll. Nur noch für landwirtschaftlichen Verkehr genutzt

Pegelstandanzeiger für die Süderbootfahrt auf der Höhe Hülkenbüll

Der Kanal Süderbootfahrt von Hülkenbüll aus gesehen mit Blick auf Garding

Fritz Stoltenbergs Bild von der Süderbootfahrt

Zu seiner Zeit, vor nunmehr 120 Jahren, war Fritz Stoltenberg ein bekannter Zeichner und Illustrator. Seine Zeichnungen signierte er mit seinem Namen und dem Tag der Fertigstellung. So auch seine Zeichnung »Garding mit der Süderbootfahrt«, entstanden am 20.10.95 (d.i. 1895). Veröffentlicht ist dieses Bild in dem Buch »Schleswig-Holstein meerumschlungen in Wort und Bild«, erschienen 1896 im Verlag Lipsius & Tischer in Kiel.

Um dieses Motiv zeichnen zu können, hat Fritz Stoltenberg bei Hülkenbüll gestanden. Genau dort, wo man auch heute noch die Süderbootfahrt mit Garding im Hintergrund zwar nicht zeichnet, aber fotografiert.

Garding mit der – rechts im Bild – Süderbootfahrt im Jahr 1895. Zeichnung: Fritz Stoltenberg.
Bildnachweis: Aus »Schleswig-Holstein meerumschlungen in Wort und Bild«, Verlagshandlung Lipsius & Tischer, Kiel. 1896.

2tes Brüchhuus

Von Hülkenbüll*) am Kanal entlang nach Osten gewandert. Wo die Süderbootfahrt einen Knick macht, jetzt Richtung Südost fließt, steht in Alleinlage ein Gebäude. »2tes Brüchhuus«*) ist davor auf einem Hinweisschild zu lesen. »Brüchhuus« ist Plattdeutsch. Hochdeutsch: Brückenhaus. Die Infotafel erklärt: *»Häuser, die* (an der Süderbootfahrt, Anm. Autor) *an Brücken lagen, nannte man Brüchhüs«. Sie standen auf Warften an den Biegungen des Wasserweges. So hatte man nach beiden Seiten freie Sicht. Hier konnten Treidelmannschaften ausgewechselt und bewirtet werden. Dieses einzige erhaltene, baufällig gewordene Brüchhuus ist im Jahr 1995 ganz neu aufgebaut worden.«*

*) Einzahl: Brüchhuus, Mehrzahl: Brüchhüs. In plattdeutscher Sprache.

2tes Brüchhuus

Von 1612 bis 1905 waren Garding und Katingsiel mit einem Kanal verbunden. Auf dieser „Süderbootfahrt" wurden mit Lastkähnen Waren transportiert (gesegelt/getreidelt). Vermutlich hatte der Kanal mehrere Staustufen. Häuser, die an Brücken lagen, nannte man „Brüchhüs". Sie standen auf Warften an den Biegungen des Wasserweges. Dadurch hatte man nach beiden Seiten freie Sicht. Hier konnten Treidelmannschaften ausgewechselt und bewirtet werden.

An diesem Gebäude führte auch der „Stockenstieg" von Garding-Geest vorbei. Dieses einzige erhaltene, baufällig gewordene Brüchhuus ist im Jahre 1995 ganz neu aufgebaut worden.

Heimatkundliche Arbeitsgemeinschaft, Förderverein für Kunst und Kultur
Sponsor: Sparkasse NF   23

Die Infotafel zum Brüchhuus

»2tes Brüchhuus«

Zitat Johannes von Schröder

*»Garding. Zur Erleichterung des Handelsver-
kehrs dient sehr der Kanal* (= Süderbootfahrt,
Anm. Autor)*, der von hier nach Katingsiel geht
und dort durch eine Schleuse in die Eider fällt.«*

(Aus: »Topographie des Herzogthums Schleswig«
von Johannes von Schröder. 2. Auflage. 1854.)

*Sommerwolken über der
Süderbootfahrt. Blick von
Hülkenbüll entlang der Süder-
marsch, Richtung »Brüchhuus«*

KANAL NORDERBOOTFAHRT

Von Katharinenheerd nach Tönning

Im Gebiet des Kirchdorfes Katharinenheerd, mitten in Eiderstedt, soll sie begonnen haben – die Norderbootfahrt. Johannes von Schröder schreibt im Jahr 1854*): »*Von Catharinenheerd ist im Jahr 1612 ein kleiner Canal nach Tön-ning**) gegraben, welcher Norder-Bootfahrt genannt wird.*« Über diesen in alter Zeit sehr bedeutenden Kanal wurden landwirtschaftliche Produkte aus der Landschaft Eiderstedt zum Markt und Hafen Tönning befördert.

Hier mündet der Kanal Norderbootfahrt in den Tönninger Hafen. Eine Aufnahme zur vollen Ebbezeit im Hafen

63

Der 15 Kilometer lange Kanal blieb im wesentlichen bis heute erhalten. Beginnend nördlich der Ortschaft Katharinenheerd**), verläuft er anfangs nach Osten, knickt dann nach Südost ab, führt an der Ortschaft Kotzenbüll**) vorbei und erreicht den Hafen Tönning. In aktuellen Landkarten ausgewiesen als »Kanal Norder Bootfahrt«. Zum Warentransport wird der Kanal nicht mehr genutzt. Als Sielzug dient er der Entwässerung von Marschenland. Und außerdem ist die Norderbootfahrt eine interessante, sichtbare Erinnerung an das Leben auf der Halbinsel Eiderstedt in früherer Zeit.

*) In seiner »Topographie des Herzogthums Schleswig«. 2. Auflage. 1854.

**) Ortsbestimmung: Tönning, Kotzenbüll und Katharinenheerd sind Orte an der B 202, die auf der Höhe Tönning von der B 5 abzweigt.

➲ Hilfreich: Wander- und Freizeitkarte Nr. 2, 1 : 50.000.

Auf der Höhe der Ortschaft Kotzenbüll verläuft die Norderbootfahrt parallel zur Bundesstraße 202

Der Bootführerdeich

Hier am Bootführerdeich*) sind die Boote auf dem Kanal Norderbootfahrt mit dem Ziel Tönning entlanggekommen. Beladen mit Erzeugnissen der Eiderstedter Landwirtschaft. Nach Angaben von Bernd Laue, Heimatbund Eiderstedt e.V., unter anderem mit Butter, Käse, Getreide, Häute, Wolle und Fleisch. Eingeführt wurden Bauholz, Kolonialwaren, Tabak und Brennmaterial.

Weil dieser Kanalabschnitt schnurgerade von West nach Ost verläuft, haben die Boote bei dem hier vorherrschenden westlichen Wind wohl unter Segel Fahrt gemacht. Bei Wind gegenan und Flaute mußte getreidelt werden. Das heißt, von Land aus an langer Leine gezogen werden. Der Bootführerdeich – der noch ganz amtlich diesen Namen trägt – war damals Treidelweg.

Heute bilden Bootführerdeich*), die seitlich begleitende Norderbootfahrt und ringsum die Weite der Eiderstedter Landschaft ein beschauliches Naturrefugium. Geeignet für Radfahrer und Wanderer.

*) Lagebestimmung Bootführerdeich:
Kreis Nordfriesland, Halbinsel Eiderstedt. Von der B 5 Richtung Tönning, Garding abfahren auf die B 202 (nicht nach Tönning hineinfahren). In der Ortschaft Katharinenheerd rechts ab Richtung Tetenbüll. Nach kurzer Strecke rechts am Straßenrand Hinweisschild: »Bootführerdeich«: der hier beginnt.

➲ Hilfreich: Wander- und Freizeitkarte Nr. 2, 1 : 50.000.

Hier beginnt der Bootführerdeich

Zufluß eines Entwässerungsgrabens
mit Siel in die Norderbootfahrt

Links der Kanal Norderbootfahrt. Rechts
der Bootführerdeich mit dem vormaligen
Treidelweg, heute Wanderstrecke

DIE GRACHTEN VON FRIEDRICHSTADT

Grachten sind Kanäle

Grachten verleihen holländischen Städten dieses typische malerische Flair. Zur Verschönerung des Stadtbildes und als touristische Attraktion wurden Grachten allerdings nicht angelegt. Grachten sind Kanäle, die im wasserreichen Holland wirtschaftlichen Zwecken dienten und vielfach noch dienen: Transport von Gütern und Personen auf dem Wasserweg.

In Schleswig-Holstein ist Friedrichstadt*) die »Stadt der Grachten«. Angelegt und geschaffen von holländischen Siedlern.

*) Ortsbestimmung Friedrichstadt:
Im Süden des Kreises Nordfriesland. Ca. 20 Kilometer südlich von Husum, an der B 202.

➲ Hilfreich: Kreiskarte Nordfriesland, 1 : 100.000.

Die Grachten-Tour mit dem Ausflugsboot gehört zum Besuchsprogramm in Friedrichstadt

Ostersielzug und Westersielzug

Ostersielzug und Westersielzug, zwei kurze Kanäle, die das historische Stadtgebiet von Friedrichstadt von Osten und von Westen einrahmen. Herzog Adolf von Gottorf ließ sie im Jahr 1570 graben, als »Einläufe« der Treene in die Eider, nachdem er die natürliche Einmündung der Treene in die Eider abgedämmt hatte. Der Herzog wollte dadurch Überschwemmungen des Gebietes verhindern.

Versteht sich, daß diese beiden künstlich geschaffenen, mit Schleusen gesicherten Wasserwege bereits damals für die Schiffahrt genutzt wurden. Christiane Thomsen schreibt*): »Bis ins späte 19. Jahrhundert war Friedrichstadt am besten auf dem Wasserwege zu erreichen. Nahezu alle Waren wurden von den in der Stadt und der Region ansässigen, aber auch von fremden Schiffern transportiert.«

Ostersielzug, 1570 gegrabener kurzer Verbindungskanal zwischen Treene und Eider in Friedrichstadt

Als 1621 die ins Land gerufenen Holländer mit der Gründung von Friedrichstadt begannen, waren Ostersielzug und Westersielzug also bereits 50 Jahre vorhanden.

Heute gehören sie zum Flair von Friedrichstadt. Besonders der Ostersielzug ist ein stimmungsvolles Grachtenmotiv. Befahren von Ausflugsbooten und kleinen Sportbooten.

*) In »Friedrichstadt – Ein historischer Stadtbegleiter«. Boyens Buchverlag, Heide. 2. Auflage. 2009.

Am Westersielzug, ebenfalls 1570 angelegt

Friedrichstadt – die »Holländerstadt«

Herzog Friedrich III. von Schleswig-Holstein-Gottorf wollte um 1621 eine neue Stadt gründen. Dort, wo die Flüsse Eider und Treene zusammenfließen. Er rief niederländische Siedler ins Land. Remonstranten waren es, deren Religionsgemeinschaft zu jener Zeit in ihrem Heimatland nicht erlaubt war.

Die schufen die kleine Stadt nach heimatlichem Vorbild. Dem Landesherrn zu Ehren Friedrichstadt genannt. Mit einem rechtwinklig angelegten Straßennetz, einem großen Marktplatz, mit Treppengiebelhäusern, die durch Hausmarken gekennzeichnet sind. Und mit Grachten und deren Brücken.

Der malerische Charme eines »Holländerstädtchens« blieb in Friedrichstadt bis heute wunderbar erhalten.

Die Reihe der markanten Treppengiebelhäuser am Markt gehört zum Charme des »Holländerstädtchens« Friedrichstadt

Mittelburggraben

Ergänzend zu den bereits vorhandenen Sielzügen schufen die holländischen Siedler drei Grachten: Mittelburggraben, Fürstenburggraben und Norderburggraben.

Mit diesen Kanälen wurde der Marktplatz an die Sielzüge und damit an Eider und Treene angeschlossen. Dadurch konnten Baumaterial und andere Güter auf dem Wasserweg bis zur Stadtmitte transportiert werden.

Der Norderburggraben hatte bereits 1705 ausgedient und wurde zugeschüttet.

Der Mittelburggraben ist heute die schönste Gracht der Stadt. Beidseitig begrenzt von Baumreihen und Häusern und Häuschen im Stil der »alten Zeit«. Überspannt von »fotogenen« Brükken. Die einbogige, aus Felsquadern errichtete »Große Brücke«, direkt am Marktplatz, stammt in der heutigen Form wohl aus dem Jahr 1773. Die Geländer der »Kuhbrücke« sind – wie alle Brücken in der Stadt – mit Blumenkästen geschmückt. Früher sollen über diese Brücke (oder die Vorgängerbrücke) Kühe getrieben worden sein, als diese auf dem jenseitigen Stadtfeld noch ihre Weide hatten. Daher der Name.

Für die Gäste auf den Ausflugsbooten und für die Tretbootfahrer ist die Passage durch den Mittelburggraben stets ein Höhepunkt der Tour.

Die Gracht Mittelburggraben in Friedrichstadt

Die »Kuhbrücke«

*Die »Große Brücke« über den Mit-
telburggraben. In dieser Form wohl
aus dem Jahr 1773*

Fürstenburggraben

Der Fürstenburggraben ist eine Gracht, die Ostersielzug und Westersielzug verbindet. Ausgegraben, hergestellt durch holländische Siedler im Rahmen der Stadtgründung nach 1621.

Der Name Fürstenburggraben sorgt gelegentlich für Irritationen. Eine Fürstenburg, überhaupt eine Burg, hat es in Friedrichstadt nie gegeben.

Der Fürstenburggraben begrenzt das Stadtgebiet im Süden. Er ist der »vorderste« Graben. Aus »vörderster« Burggraben wurde sprachwandlerisch »Fürsten«-Burggraben. Meint Dehio*). Und »burgval«, erklärt Christane Thomsen**), stammt wohl noch aus der Zeit der holländischen Siedler. Etwa mit der Bedeutung: Graben.

Namensdeutung so oder so – egal. Der Fürstenburggraben jedenfalls ist eine (weitere) Perle im Friedrichstädter Stadtbild.

*) In: »Georg Dehio »Handbuch der Deutschen Kunstdenkmäler. Hamburg / Schleswig-Holstein«. Deutscher Kunstverlag. 1994.

**) In: »Friedrichstadt – Ein historischer Stadtbegleiter«. Boyens Buchverlag, Heide. 2. Auflage. 2009.

Tretbootfahrer im Fürstenburggraben

BÜTTLER KANAL/BURG-KUDENSEER-KANAL/BURGER AU

Der Büttler Kanal – zwecks Entwässerung

Die ausgedehnten Flächen der Burg-Kudenseer Niederung bedurften dringend einer verbesserten Entwässerung. Darüber bestand schon vor Jahrhunderten Klarheit. Es wurde geplant und projektiert. Und gestritten. Vor allem über die Kostenverteilung.

1765 kam der Büttler Kanal endlich zustande. Ein Entwässerungskanal, der ausgangs des Kudensees beginnt und südwärts bis Büttel führt. Über die Bütteler Schleuse gelangte das Kanalwasser abfließend in die Elbe.

Die Kosten für den Bau des Büttler Kanals sollen 60.000 Mark Kourant betragen haben. Die Landschaft Dithmarschen zahlte davon 20.000 Mark. Die Wilstermarsch (Kreis Steinburg) übernahm die übrigen Kosten und war damals auch für die Unterhaltung des Kanals zuständig.[*]

Der 1895 fertiggestellte Nord-Ostsee-Kanal hat den Büttler Kanal auf der Höhe der Ortschaft Kudensee (Kreis Steinburg) durchteilt.

[*] Angaben zum Teil unter Nutzung von Ausführungen im »Heimatbuch des Kreises Steinburg«. Verlag J.J. Augustin, Glückstadt 1925. Unveränderter Nachdruck 1981.

Der Büttler Kanal kurz vor Erreichen des Nord-Ostsee-Kanals, wenige hundert Meter südlich der Ortschaft Averlak

Der Büttler Kanal – für die Schiffahrt

Der Büttler Kanal wurde geschaffen, um die Burg-Kudenseer Niederung besser zu entwässern. Aber der Kanal hatte einen erheblichen Nebeneffekt – positiv für die Schiffahrt. Der Lehrer K. Bielenberg aus Borsfleth berichtet darüber:[*]

»Man konnte nun das trockengelegte Hochmoor abgraben und den Torf infolge des erleichterten Verkehrs nach der Elbe und weiter nach Glückstadt, Altona und Hamburg befördern. Über 100 Kahnfahrer fuhren jährlich auf flachen Kudenseer Kähnen den Torf nach Büttel und durch die Schleuse nach dem Außenhafen, wo er auf größeren Schiffen verstaut wurde.«

1868/69 erfolgte ein weiterer Ausbau des Kanalsystems. Der Büttler Kanal wurde erweitert, in Büttel eine neue Schleuse gebaut, durch den Kudensee eine Schiffahrtsrinne abgestakt, die Burger Au geradegelegt. Durch diese Maßnahmen konnten auch größere Kähne die Strecke befahren. Die neue Schleuse in Büttel ermöglichte den größeren Fahrzeugen die Passage in die Elbe und die direkte Weiterfahrt elbaufwärts. Ein Umladen der Waren in Büttel war nicht mehr erforderlich.

[*] In: »Heimatbuch des Kreises Steinburg«, 2. Band. Verlag J.J. Augustin, Glückstadt 1925. Unveränderter Nachdruck 1981.

Ein »Kudenseer Kahn« vor der Brücke in Kudensee. Eine Zeichnung von ca. 1890.
Bildnachweis: Übernommen aus: »Schleswig-Holstein meerumschlungen in Wort und Bild«.
Verlagshandlung Lipsius & Tischer, Kiel. 1896.

Drei Namen und die Burger Au gehört dazu

Von Burg (Kreis Dithmarschen) fließt die Burger Au südwärts. Bis in den Kudensee. Ausgangs des Kudensees beginnt der Büttler Kanal. Im »engeren Sinn« gehört die Burger Au nicht zum Kanal. Aber eigentlich doch. 1868/69 wurde die Au im Zuge des Ausbaus des Büttler Kanals »geradegelegt«. Das heißt, weitgehend kanalisiert. Seither besteht dieses aus drei Abschnitten bestehende Entwässerungs- und Schiffahrtssystem, durchgehend von Burg bis Büttel.*)

Die drei Abschnitte tragen – laut amtlichem Kartenwerk – unterschiedliche Bezeichnungen:
- Von Burg bis zum Kudensee: Burger Au
- Vom Kudensee bis zum Nord-Ostsee-Kanal: Büttler Kanal
- Von der Ortschaft Kudensee bis Büttel/ bis zur Elbe: Burg-Kudenseer-Kanal

In älteren (historischen) Unterlagen und Beschreibungen werden zum Teil abweichende Bezeichnungen benutzt. Zum Beispiel für die ausgebaute Burger Au: Burger Kanal. Für die gesamte Strecke vom Kudensee (dem See) bis nach Büttel: Kudenseer Kanal. Die Bezeichnungen Büttler Kanal und Kudenseer Kanal werden wechselweise gleichbedeutend verwandt. Statt Büttler Kanal wird vielfach Bütteler Kanal geschrieben.

*) Ortsbestimmung:
Im südlichen Teil von Dithmarschen, am Nord-Ostsee-Kanal, die Ortschaft Burg. Von hier aus nach Süden sind in der Karte eingetragen: Burger Au, Kudensee (der See), Büttler Kanal, Kudensee (der Ort), Burg-Kudenseer Kanal, Büttel, Elbe.

⮍ Hilfreich: Kreiskarte Dithmarschen, 1:75.000.

*So zeigt sich die Burger Au
(= Burger Kanal) heute in
der Ortschaft Burg*

Die Burger Schiffer nutzten den Büttler Kanal

Trotz der Lage im Binnenland war Burg in Dithmarschen schon früh ein bedeutender Hafenort. Burger Ewer transportierten vor allem Torf bis Altona und Hamburg. Die Streckenführung: Burger Au – Wilsterau – Stör – Elbe. Ein umständlicher Weg.

Auch nach Eröffnung des Büttler Kanals 1765 änderte sich für die Burger Schiffer vorerst nichts. Der Grund: Die Burger Au war nach Süden nicht entsprechend ausgebaut. Erst mit der Erweiterung des Büttler Kanals und dem Aus-

bau (sprich: Kanalisierung) der Burger Au eröffnete sich für die Burger Schiffahrt ab 1868/69 eine neue, direkte und kürzere Verbindung zur Elbe.

Hinrich Rühmann aus Burg hat berichtet*), wie die Schiffahrt von und nach Burg nunmehr vonstatten ging:

»Der kurze Weg nach Büttel war freigemacht. Das bedeutete eine gewaltige Kraft- und Zeitersparnis. Auf der Elbe konnte man selbst bei flau-

Motiv am Burger Auhafen. Links ein Werftbetrieb. Aufnahme ca. 1890er Jahre.
Bildnachweis: Sammlung Jörg Jahnke, Burg/Dithmarschen

em Wind segeln (kreuzen) oder sich mit Ebbe und Flut treiben lassen. Selten gebrauchte man die allmächtigen, 5–6 Meter langen Ruder. Von der Elbe in die Büttler Schleuse hinein wurde gestakt, von Büttel bis Burg geschleppt. Bei gutem Wind wurde auch auf der Burger Au gesegelt. In Büttel wechselte man den Mast aus: Der Großmast wurde herausgenommen und ein wesentlich kleinerer, der Aumast, eingesetzt. An den Aumast wurde das Toppseil gesetzt. Allerdings mußte bei jeder Brücke das Segel wieder herunter. Der Aumast, der mit einer Leine am Vorder-

schiff befestigt war, wurde nach hinten umgelegt. Das war bei den zahlreichen Brücken auch nicht angenehm, aber immerhin noch leichter, als den ganzen Weg bei flauen oder gar bei Gegenwind zu schleppen.«

*) Quelle: Ortsheft Burg in der Reihe »Dithmarscher Blätter zur Heimatgestaltung«. Westholsteinische Verlagsanstalt Boyens & Co. Heide. 15. Jahrgang, Jan. – Feb. 1939. Dem Autor zur Verfügung gestellt vom Ortsarchiv Burg/Dithmarschen.

Es herrscht noch Leben auf der Burger Au. Ein touristisches Topangebot sind im Sommerhalbjahr die gestakten Kahnpartien. Über Termine informiert das Touristikbüro Burg (Dithmarschen) und Umgebung, Telefon: 04825-930518

Schwachstelle: Der Kudensee

Um den Büttler Kanal zu erreichen, mußten die Schiffer aus Burg den Kudensee durchqueren. Das ging nicht ohne Probleme. Hinrich Rühmann aus Burg schildert die Situation wie folgt:[*])

»Der Kudensee war das Schmerzenskind der Schiffer. Mittels Pfähle und Faschinen war eine seichte Fahrrinne geschaffen, die durchstakt werden mußte. Meistens behalf man sich dadurch, daß man in der Gastwirtschaft von Claus Schröder in Buchholzermoor einen Schifferknecht dingte, der beim Staken durch den See half. Bei niedrigem Wasserstande konnte man mit beladenen Schiffen den See nicht überqueren. Dann übernahm Claus Schröder mit seinem Leichter einen Teil der Last (ableichtern!). Auf der anderen Seite konnte die Ladung dann wieder von dem Schiffer übernommen werden. Ein immerhin reichlich umständliches Verfahren.«

[*]) Quelle: Ortsheft Burg in der Reihe »Dithmarscher Blätter zur Heimatgestaltung«. Westholsteinische Verlagsanstalt Boyens & Co. Heide. 15. Jahrgang, Jan. – Feb. 1939. Dem Autor zur Verfügung gestellt vom Ortsarchiv Burg/Dithmarschen.

Partie am Burger Kanal (= Burger Au). Aufnahme um 1900. Bildnachweis: Sammlung Benno Schwohn, Burg/Dithmarschen

Der Kudensee schrumpfte

Um 1700 soll der Kudensee noch 500 Hektar groß gewesen sein. Nach Anlage des Büttler Kanals im Jahr 1765 schrumpfte er durch Entwässerung erheblich. Durch den Bau des 1895 eröffneten Nord-Ostsee-Kanals und durch den Betrieb eines Schöpfwerkes verringerte sich die Seefläche noch weiter. Auf heute rund 25 Hektar. Der Kudensee und seine Umgebung sind Naturschutzgebiet. Ein Paradies vor allem für die Vogelwelt.

Der Büttler Kanal beginnt, wie seit nunmehr 247 Jahren, ausgangs des Kudensees.

Auch der Rotschenkel ist im Naturschutzgebiet Kudensee und Umgebung heimisch

Blick vom Wanderweg am Büttler Kanal auf das Naturschutzgebiet Kudensee und Umgebung. Wo sich heute breite Schilfflächen (hier noch im Winterkleid) zeigen, war einst offener See. Und so findet man hin:

Bei der Nord-Ostsee-Kanal-Fähre Kudensee auf die Nordseite des Kanals. Unmittelbar nach dem Fährplatz den Kanalbegleitweg (des Nord-Ostsee-Kanals) Richtung Nordost nehmen: rechts der Kanalbegleitweg, links ein kleines Wäldchen. Nach ca. 800 Metern am Wegrand im Wald eine kleine Freifläche. An deren nördlichem (= rechtem) Rand beginnt der Wanderweg, der zum Büttler Kanal und zum vorstehend genannten Naturschutzgebiet führt.

»Kudensee-Graben« – notiert 1824

»Kudensee, ein (...) fischreicher See (...) an der Gränze von Süderdithmarschen und der Wilstermarsch.(...) Der jetzt sehr eingeschränkte See hat zu vielen Streitigkeiten Anlaß gegeben. Ehemals war er zum Theil mit einem Deiche umschlossen, und drohte, wenn der Zufluß des Wassers von der hohen Geest im Winter zu stark wurde, dem angrenzenden Lande mit Überschwemmungen. Schon 1577 hielten es die Deichgräfen für nöthig, daß ein Graben (d.i. Entwässerungskanal. Anm. Autor) nach der Elbe gezogen würde. Dieser ist 1768[*]) gemacht und dadurch der See ziemlich abgelassen.«

[*]) Richtig: 1765. Anm. Autor
(Aus: »Topographie des Herzogthums Holstein, (...) des Herzogthums Lauenburg« von Joh. Friedr. Aug. Dörfer. 4. Auflage. 1824)

Der »Kudensee-Graben«, sprich: der Büttler Kanal. Blick von der Fußgängerbrücke am Wanderweg

Die Fußgängerbrücke über den Büttler Kanal am Wanderweg

Es wurde nicht nur Torf befördert

Gelegentlich mußte ein »Kudenseer Kahn« auf dem Büttler Kanal eine ganz besondere Fracht übernehmen. Der Mittelschulrektor H. Schulz aus Wilster berichtet:*)

»In den Marschen war es früher bei den schlechten Wegen nicht selten, daß der Leichenwagen nicht benutzt werden konnte, weil er stecken ge- blieben wäre. Von Kudensee aus wurde die Leiche dann mittelst eines Kudenseer Kahn nach Büttel und von dort mit einem Wagen nach dem Kirchort gebracht.«

*) In seinem Beitrag »Volkstümliches in Glaube und Sitten«. Veröffentlicht im »Heimatbuch des Kreises Steinburg«. 1925.

Hier kamen sie entlang, die »Kudenseer Kähne«. Zumeist beladen mit Torf, gelegentlich aber auch mit »besonderer Fracht«. Bild: Der Kanal südlich der Ortschaft Kudensee. Vom Ort aus führt ein Begleitweg, Richtung der Siedlung Fiefhusen, am Kanal entlang. In Kudensee die linke Kanal(weg)-Seite wählen

Der »Kudenseer Kahn« als Wappenmotiv

Ein »Kudenseer Kahn« ist das beherrschende Motiv auf dem Wappen der Gemeinde Kudensee im Kreis Steinburg. Damit wird erinnert an die »große Zeit« der Torfschiffahrt auf dem Büttler Kanal. 9 Meter lang soll ein typischer »Kudenseer Kahn« gewesen sein. Sein Ladungsvermögen wird mit 7000 Soden Torf angegeben.[*] So ist es nachzulesen in der »Historischen Begründung« zur amtlichen Wappengenehmigung vom 15. Februar 2002.

Unter dem »Kudenseer Kahn« sind auf blauem Wappenhintergrund zwei gekreuzte Pfeifen abgebildet. Sie sollen erinnern an die Frauen, die pfeiferauchend vor ihren Haustüren zum Kartenspielen saßen und dabei Ausschau hielten nach den auf dem Kanal vorbeikommenden Torfkähnen.

[*] In verschiedenen älteren Unterlagen wird das Ladungsvermögen der Lastkähne auf dem Büttler Kanal mit 20.000 Torfsoden angegeben. Vermutlich bezieht sich das auf größere Kähne nach der Erweiterung des Büttler Kanals und der Kanalisierung der Burger Au in den Jahren 1868 / 69.

Der »Kudenseer Kahn« als
Wappenmotiv

Gepflegte Reetdachhäuschen aus alter Zeit direkt am Büttler Kanal in der Ortschaft Kudensee. Vor solchen (ehemaligen) Katen werden die pfeiferauchenden Frauen gesessen haben, Ausschau haltend nach den des Kanalweges kommenden Torfkähnen. Übrigens: Ab der Ortschaft Kudensee wechselt der Kanalname laut amtlichen Karten von Büttler Kanal zum Burg-Kudenseer-Kanal

Vorteil: Büttel

Nicht nur Torfbauern und Kahnschiffer profitierten vom Kanal. Vorteilhaft war dieser Schifffahrtsweg auch für die kleine Ortschaft Büttel (Kreis Steinburg). Der weiland Hauptpastor in St. Margarethen, Dr. phil. W. Jensen, schreibt:*)

»Der Ort ist im Laufe des 19. Jahrhunderts, besonders infolge der Torfverschiffung von dem auf der Grenze nach Süderdithmarschen sich weithin erstreckenden Hochmoor durch den 1765 angelegten Kudenseer Kanal, bedeutend angewachsen. Nahe der Schleuse, die in Büttel durch den Kanal führt, erhob sich zu beiden Seiten des im Jahre 1868 erweiterten und bis nach Burg hinauf verlängerten Kanals eine Reihe nahe beieinanderliegenden Wohnhäuser von Schiffern und Gewerbetreibenden. Im Jahr 1856 zählte es (= Büttel) bereits 243 Einwohner, unter diesen einen Zollerhebungskontrolleur und seinen Assistenten (...).«

*) In seinem Beitrag »Die Wilstermarsch«. Veröffentlicht im »Heimatbuch des Kreises Steinburg«. 1925.

In Büttel hat sich das Ortsbild drastisch verändert. Siehe dazu den folgenden Bericht »Das Ende der Schiffahrt und Büttels Schicksal«, Seite 99.
In der Ortschaft Kudensee hingegen wird der Kanal wie in alter Zeit von kleinen Häusern und (ehemaligen) Katen gesäumt Bild: Partie am Kanal in Kudensee

Mit der Schleuse pfleglich umgehen

Die Kahnschiffer auf dem Büttler Kanal sind mit der Bütteler Schleuse offenbar nicht immer pfleglich umgegangen. Jedenfalls sah sich die Königliche Kirchspielvogtei in St. Margarethen auf Antrag der »Burg-Kudenseer Entwässerungs-Commüne« am 7. März 1872 veranlaßt, folgende Polizei-Verordnung zu erlassen:

»Es wird angeordnet:
1. die Thore der Bütteler Schleuse dürfen nur durch den Schleusenwärter geöffnet werden;
2. die Schiffshaken dürfen weder in die Schleusenthüren, noch in sonstige Schleusentheile eingesetzt werden, sondern es sind beim Durchlassen der Kähne nur die eingemauerten Krampen zu benutzen.

Uebertretungen (...) dieser Verordnung werden mit Geldbuße bis zu 3 Thaler event. entsprechender Haft bestraft.«

Das Ende der Schiffahrt und Büttels Schicksal

Der durch den Nord-Ostsee-Kanal ab 1895 bei der Ortschaft Kudensee zweigeteilte Büttler Kanal verlor für die Kahnschiffahrt mit Beginn des 20. Jahrhundert schnell an Bedeutung. Der einst umfangreiche Torfhandel kam bald vollständig zum Erliegen. Der bis dahin betriebsame Hafen von Büttel verwaiste.

Später erlitt die Ortschaft Büttel ein weiteres Schicksal. Im Internet (am 28. Dezember 2010)

war unter dem Stichwort *»Büttel/Gemeinde Büttel«* zu lesen:

»In den 1960er Jahren stufte die Landesregierung die Region zwischen Elbe und Nord-Ostsee-Kanal als günstigen Standort für Chemie- und Energiebetriebe ein. Ab 1979 begann die offizielle Umsiedlung der 750 Bütteler Bürger, die 1987 abgeschlossen war. Von 225 Hofstellen und Wohngebäuden blieben 17 übrig.«

Der Hafen von Büttel, vor 1900.
Bildnachweis: Historische Sammlung W. Scharnweber

EIDERKANAL/SCHLESWIG-HOLSTEINISCHER KANAL

Ein Kanal entsteht

Der Stecknitzkanal, von Lauenburg an der Elbe bis Lübeck, erfüllte seit 1398 seinen Zweck. Jahrzehnte-, jahrhundertelang. Vor allem Lübeck profitierte davon. Die Hansestadt an der Trave war Freie Reichsstadt, gehörte nicht zu den Herzogtümern Schleswig und Holstein, nicht zum dänischen Gesamtstaat.

Folglich war dieser Kanal weder für die dänische Krone noch für die Herzogtümer von Vorteil. Deshalb gab es Überlegungen und Pläne, einen eigenen Verbindungskanal zwischen Ostsee und Nordsee zu bauen. Und zwar für seegehende Schiffe. Für diese war der Stecknitzkanal ohnehin zu schmal und hatte zu geringe Wassertiefe.

Unterschiedliche Streckenführungen wurden erörtert. Um 1550 plante König Christian III. von Dänemark einen Kanal. Nicht durch Schleswig-Holstein, sondern durch das dänische Mutterland, durch Jütland, von Kolding bis Ripen.

Ungefähr 1570 wollte Herzog Adolf I. von Gottorf seinen Kanal errichten lassen. Die Streckenführung sollte im wesentlichen die Eider nutzen.

Angedacht waren später auch diese Strecken:
- von der Flensburger Förde nach Hoyer
- von Apenrade nach Ballum
- von Husum über Schleswig zur Eckernförder Bucht.

Diese Pläne und diverse andere kamen nicht zur Ausführung.

Durch politische Wechselfälle der Weltgeschichte gehörten die Herzogtümer Schleswig und Holstein ab 1773 zum dänischen Gesamtstaat. Eine Konstellation, die sich für einen zu bauenden Schiffahrtskanal zwischen Ostsee und Nordsee als positiv erwies. Bereits am 14. April 1774 wurde per Kabinettsorder eine Kanalkommission eingesetzt und der Kanalbau angeordnet. Vorerst galt es, nach umfangreichen Untersuchungen, die Streckenführung festzulegen.

Der eigentliche Kanalbau begann Anfang des Jahres 1777. Am 18. / 19. Oktober 1784 wurde dieser erste Kanal für seegehende Schiffe zwischen Nord- und Ostsee eingeweiht.

Rund 6 Kilometer Kanalstrecke blieben bei Kluvensiek erhalten. So erreicht man Kluvensiek: Autobahn A 210 Kiel – Rendsburg. Abfahrt Nr. 4, Bredenbek. Von Bredenbek nach Bovenau. Von Bovenau Richtung Sehestedt. An der Straße in Kluvensiek Straßenschild: »Alter Eiderkanal«

➲ Hilfreich: Wander- und Freizeitkarte Nr. 5, 1 : 50.000.

Namenswechsel

1784 war der Kanal fertiggestellt. Und erhielt den treffenden Namen Schleswig-Holsteinischer Kanal. Mit diesem Namen waren Dänen und Deutsche einverstanden. Man lebte zu jener Zeit im dänischen Gesamtstaat friedlich miteinander.

Bereits 64 Jahre später, 1848, war es mit dem friedlichen Miteinander vorbei. Es kam – provoziert durch den dänischen König, sagen die Schleswig-Holsteiner – in den beiden schleswig-holsteinischen Herzogtümern zu Erhebungen, zum Krieg gegen die Dänen. Dänemark gewann. Und war nun mit dem Namen Schleswig-Holsteinischer Kanal nicht mehr einverstanden. Der neue Name ab 1853: Eider-Canal.

Die sogenannte Schleswig-Holsteinische Frage war politisch nicht gelöst. Es kam 1864 erneut zum Krieg. Preußen / Österreich gegen Dänemark. Die Dänen verloren. Als Folge wurde Schleswig-Holstein ab 1867 preußisch. Prompt erfolgte ein abermaliger Namenswechsel, sozusagen mit »Rolle rückwärts«. Jetzt wieder Schleswig-Holsteinischer Kanal.

Als dann etwa um 1880 sich der Bau eines neuen Schleswig-Holsteinischen Kanals, des heutigen Nord-Ostsee-Kanals, abzeichnete, wollte man wohl Namensirritationen oder Verwechslungen vermeiden. Also erneut Namenswechsel rückwärts. Seither wieder Eiderkanal. Bei diesem Kanalnamen ist es – auch in amtlichen Kartenwerken – geblieben. Im allgemeinen Sprachgebrauch wird vielfach die Bezeichnung Alter Eiderkanal verwandt.

Straßenschild bei der Schleuse Kluvensiek

Von Holtenau bis Tönning

Dank des Eiderkanals konnten seegehende Schiffe von der Ostsee zur Nordsee (oder umgekehrt) quer durch Schleswig-Holstein fahren. Von Holtenau*) bei Kiel bis Tönning.

Die Strecke von Holtenau bis Rendsburg war 43 Kilometer lang. Hier wurde auch die (dann durch den Kanal »verschwundene«) Levensau vollständig genutzt. So betrug der eigentliche Kanal, das heißt seine Grabungsstrecke, nur 34 Kilometer.

Im übrigen ermöglichte die vertiefte und in einigen Abschnitten begradigte Eider diese insgesamt 180 Kilometer lange »Wasserfahrt«. Unbegradigte Eiderabschnitte mit vielen Windungen, insbesondere östlich von Friedrichstadt, waren vor allem die Ursache dieser langen Gesamtstrecke.

*) Zur Zeit des Eiderkanals war Holtenau noch eine selbständige Landgemeinde. Die Eingemeindung nach Kiel erfolgte 1922.

**) Ortsbestimmung Rathmannsdorfer Schleuse: B 76, aus Richtung Kiel kommend, nach der Hochbrücke über den Nord-Ostsee-Kanal erste Abfahrt: Felm, Altenholz. Am Ende der Abfahrt nach rechts. Dann nach wenigen Metern nach links, Richtung Felm. Erste Straße rechts ab, Richtung Altenholz. Nach knapp 1 Kilometer Hinweisschild, nach rechts weisend: Schleuse Eiderkanal. Vor der Schleuse kleiner Parkplatz.

⮑ Hilfreich: Wander- und Freizeitkarte Nr. 8, 1 : 50.000.

*Verwunschener, rund 2 Kilometer langer Abschnitt des Eiderkanals zwischen Rathmannsdorfer Schleuse**) und Gut Projensdorf. Von der Rathmannsdorfer Schleuse führt ein schmaler Fußsteig auf der Nordseite am Kanal entlang. Ein Privatweg, Nutzung unter Ausschluß der Haftung des Eigentümers erlaubt*

Breite und Tiefe

Die Wasserspiegelbreite des Kanals betrug 28,7 Meter, die Sohlbreite 18 Meter. Die durchgehende Tiefe 3,45 Meter.

Für die Boote der Angler – hier am idyllischen Kanalabschnitt bei Kluvensiek – wird heute nur eine geringe Wassertiefe benötigt

Kanalzitat anno 1824

»Auf der Oberfläche des Wassers hat der Canal eine Breite von 100 Fuß, auf dem Boden 44, so daß 2 Schiffe aller Orten einander vorbeigehen, auch an verschiedenen dazu eingerichteten Stellen Schiffe von 120 Commerzlasten umkehren können.«

(Aus: »Topographie des Herzogthums Holstein, des Fürstenthums Lübeck ...« von Joh. Friedrich Aug. Dörfer, Diaconus der Fleckenskirche zu Preetz. 4. Auflage. 1824.)

Am erhaltenen Abschnitt des Eiderkanals von Kluvensiek, Richtung Klein Königsförde

Internationale Schiffahrt ab 1785

1784 ist der Eiderkanal (der zu dem Zeitpunkt Schleswig-Holsteinischer Kanal hieß) eröffnet worden. Befahrbar für seegehende Schiffe bis 300 Tonnen. Aber von einer internationalen Schifffahrtsstraße konnte anfangs keine Rede sein. Nur Schiffe unter der Flagge des dänischen Gesamtstaates waren im Kanal zugelassen. So sollten Schiffahrt und Handel, und damit Wohlstand, im eigenen Land gefördert werden. Dafür gab es große Pläne. Bereits 2 Jahre vor der Kanaleröffnung hatte man 1782 die »Königliche Handelskompagnie« gegründet. Die sollte vor allem zuständig sein für den zu intensivierenden

Handel mit Ostseeanrainerstaaten und Rußland. Für Lagerung und Umschlag erwarteter Warenmengen wurden in Holtenau und Tönning Packhäuser beeindruckender Größe errichtet. Ein etwas kleineres Packhaus entstand in Rendsburg.

Die Sache ging gründlich schief. Der Kanal war mit ausschließlich einheimischen Schiffen bei weitem nicht ausgelastet. Und damit unrentabel. Bereits im Mai 1785 kam man in Kopenhagen zur besseren Einsicht. Die Kanalpassage wurde für die internationale Schiffahrt freigegeben. Und die »Königliche Handelskompagnie« aufgelöst.

Die Erwartungen der »Königlichen Handelskompagnie« erfüllten sich nicht. Die 1783 errichteten mächtigen Kanalpackhäuser in Holtenau und Tönning erwiesen sich daher als zu groß dimensioniert. Bilder: Das zum Wohngebäude umgebaute Kanalpackhaus in Kiel-Holtenau, Vorder- und Seitenansicht

Sechs Schleusen

Sechs Schleusen mußten gebaut werden, um die erforderliche Kanaltiefe auf der Strecke zwischen Kieler Förde und der Untereider bei Rendsburg sicherzustellen. Die Schleusenstandorte: Holtenau, Gut Knoop, Rathmannsdorf, Klein Königsförde, Kluvensiek und Rendsburg. Die durchschnittliche Hubhöhe pro Schleuse wird mit 2,5 Metern angegeben. Die Schleusen bestanden – außer in Rendsburg – aus zwei Kammern, einer Schiffahrts- und einer sogenannten Freischleuse. Die Schifffahrtsschleuse diente der Durchschleusung der Fahrzeuge. Durch die Freischleuse konnte auch

Diese Eiderschleuse in Rendsburg wurde 1893 errichtet als Ersatz für die Vorgängerschleuse aus der Bauzeit des Kanals. Nachdem 1937 die Obereider von der Untereider getrennt worden war, hatte diese Schleuse ausgedient und wurde abgebaut (Foto aus dem Jahr 1913). Bildnachweis: Zerssen-Pressearchiv. Übernommen aus dem Heft »ZERSSEN-REPORT« Nr. 11, 12/73.

während einer Schleusung der Wasserstand im Kanal gehalten werden. Die Rendsburger Schleuse bestand nur aus der Schiffahrtskammer. Die Schleusen waren im Innenmaß 35 Meter lang. Die Innenbreite der Schiffahrtsschleusen betrug 7,8 Meter, die der Freischleusen 5 Meter.

Knooper Schleuse mit Treidelweg, 1880.
Bildnachweis: Sammlung »Canal-Verein e.V.«

Herrenhaus Knoop und der Eiderkanal

Es war wohl Caroline Schimmelmann, auf Gut Knoop verheiratete Gräfin Baudissin, die ihren Ehemann bewog, anstelle der alten Wasserburg ein neues Herrenhaus zu errichten. So geschah es. In den Jahren 1792 bis 1800 entstand jenes Herrenhaus, das nach wie vor als das Hauptwerk des Klassizismus in Schleswig-Holstein gilt.

Wenige Jahre zuvor, 1784, war der Schleswig-Holsteinische Kanal (der Eiderkanal) eröffnet worden. Herrenhaus Knoop befand sich in reizvoller Lage direkt am Kanal. Und entwickelte sich in der Folge zum beliebten Ausflugsziel der Kieler. M.W. Fack hat in seinem kleinen Heft »Kiel und seine Umgebung« im Jahr 1867 darüber berichtet:

»Nach Knoop und Holtenau. Beide Punkte liegen am Schleswig-Holsteinischen Canal, der die Grenze bildet zwischen den beiden Herzogthümern (Holstein und Schleswig, Anm. Autor). (...). Bei Knoop und Holtenau ist derselbe von hohen Ufern eingefaßt, die zum Theil mit hübschen Laubgehölzen bewachsen sind. Knoop ist ein adeliges Gut im Besitze der Grafen von Baudissin. Der Hof liegt am Canal vor der Schleuse und ist von Kiel aus eine gute Meile entfernt. Sehr gern wird nicht bloß von Kindern sondern auch von Erwachsenen das Durchlassen der Schiffe durch die Schleuse, das Heben und Herablassen der Schiffe sowie das Oeffnen der Schleusenthore beobachtet. Da jährlich über 4000 Schiffe den Canal passiren, so kommen im Durchschnitt auf den Tag mehr als 12, und verfehlt man daher selten die Gelegenheit des Durchlassens. Vor der Brücke liegt links die Wohnung des Schleusenwärters mit Wirthschaft und rechts eine andere Wirthschaft mit Garten, Kegel- und Schießbahn (Gastw. Popp).

Zu Fuß dauert der Weg (von Kiel bis Knoop, Anm. Autor) *1½ Stunden. (...) Droschken nach Knoop für eine Person 3 Mark, 8 Schillinge, für jede Person mehr 2 Schillinge. (...) Immer bleibt der Weg am Canal der schönste. Der stille Was-*

serspiegel, in einem sanft wallenden Rahmen von Schilf, hierauf ein Schiff tiefbeladen, langsam und ruhig dahin gleitend (...) – das ist ein Bild so reizend, so bezaubernd, ein Ausblick, den man nie vergißt.«

Eiderkanal bei Knoop, Lösch- und Lagerplatz im Jahr 1887. Bildnachweis: Sammlung »Canal-Verein e.V.«

Die gerettete Rathmannsdorfer Schleuse

Wesentliche Abschnitte des Eiderkanals sind in dem 1895 eröffneten Nord-Ostsee-Kanal »aufgegangen«. Die verbliebenen Teilstrecken mit erhaltenen Schleusen und Treidelstationen fielen erst in einen Dornröschenschlaf und wurden dann vom »Zahn der Zeit« erfaßt. Hier und da haben vermutlich auch Menschen negativ nachgeholfen. Totaler Verfall drohte. Es ist vor allem dem »Canal-Verein e.V.« zu danken, daß seit den 1980er Jahren gegengesteuert, daß saniert und instand gesetzt wird. Um dieses »technische Denkmal von nationalem Rang« zu erhalten.

Nachstehend – als Beispiel für die Sanierungsmaßnahmen – Zitate aus Berichten des Landesamtes für Denkmalpflege Schleswig-Holstein für die Jahre 1984 und 1985 (Nordelbingen, Bd. 55, 1986):

»Auf Veranlassung des Canal-Vereins erstellte das Architektenbüro Jungjohann, Hoffmann und Krug ein Gutachten über die drei Schleusen (Rathmannsdorf, Klein Königsförde und Kluvensiek, Anm. Autor): Eingehende Bestandsaufnahme, Mängelfeststellung, Vorschläge zur Sanierung und Ermittlung der Kosten, getrennt für jede einzelne Schleuse, ermöglichten, die Sanierung abschnittsweise ins Auge zu fassen.
Mit einer 100%igen Förderung durch das Land konnte in den Jahren 1983 bis 1984 die Schleuse Rathmannsdorf*) grundinstandgesetzt werden. Die zu einem Drittel mit Erdreich verfüllten Schleusenkammern wurden freigelegt und das Kanalbett über die Schleuse hinaus in seiner alten Trasse (...) verlängert. Da der zugehörige Kanalabschnitt keine Verbindung mit weiterführenden Gewässern mehr hat, konnte auf die nicht mehr vorhandene wasserregulierende Mechanik

(Schossen, Schleusentore) der Schleusenkammern verzichtet werden. (...) Bei der Beseitigung des die Schleusenkammern (...) ausfüllenden Erdreichs kamen gut erhaltene hölzerne Konstruktionsteile von Schleusentoren (...) zum Vorschein.

*) Ortsbestimmung Rathmannsdorfer Schleuse.
Siehe Fußnote zum Bericht »Von Holtenau bis
Tönning«, Seite 105.

*Die in den Jahren 1983/1984 grund-
instand gesetzten Kammern der Rathmannsdorfer Schleuse*

Bei der Grundinstandsetzung der Rathmannsdorfer Schleuse geborgene Reste der vormaligen Schleusenportale. Nach Auskunft von Dr. Michael Paarmann, Landesamt für Denkmalpflege Schleswig-Holstein, stammen diese Teile vermutlich noch aus der Bauzeit der Schleuse von 1781

Canal-Verein e.V.*)

Das »C« im Namen des »Canal-Vereins« erinnert an den alten »Eider-Canal« oder »Schleswig-Holsteinischen Kanal«, der zwischen 1784 und 1895 als Vorläufer des Nord-Ostsee-Kanals auf 43 Kilometern zwischen Kiel, Rendsburg und Tönning Ost- und Nordsee verband. Noch heute erzählen die Schleusenanlagen und die erhaltenen Streckenabschnitte des Eiderkanals von seiner großen Zeit. Sie zu erhalten ist das Ziel des Canal-Vereins, der 1980 gegründet wurde.

Der Name ist Programm. Der »Canal-Verein e.V.« fördert die Erforschung und Verbreitung von Kenntnissen über die Planung, Entstehung und Funktion der schleswig-holsteinischen Kanäle und Wasserstraßen, besonders auch des Nord-Ostsee-Kanals, sowie über die maritimen Probleme der Ost- und Nordseewelt in Vergangenheit und Gegenwart. Auch die denkmalgerechte Erhaltung und Restaurierung der dazugehörigen Anlagen und Baudenkmäler gehören zu seinen Aufgaben.

Weiter fördert der Verein wissenschaftliche Arbeiten über die Wirtschaftsgeschichte und die Geschichte gebauter, aber auch geplanter Kanäle, nicht nur in Schleswig-Holstein, sondern in aller Welt. Und der Verein gibt eine Zeitschrift heraus: Die »Mitteilungen des Canal-Vereins« (MCV), in der über Vergangenheit, Gegenwart und Zukunft der Kanäle und aller Themenkreise, die damit verbunden sind, berichtet wird.

Heute zählt der Verein fast 400 Mitglieder, darunter Gemeinden, Firmen und Verbände. Der Mitgliedsbeitrag beträgt nur 25 Euro pro Jahr. Dafür bekommen die Mitglieder die »Mitteilungen des Canal-Vereins« kostenlos. Weiter bietet der Verein jedes Jahr eine Reihe von Vorträgen, Führungen und Exkursionen.«

Anschrift:
Dr. Jürgen Rohweder (1. Vors.)
Eichgarten 9
24235 Stein
www.canal-verein.de

*) Vorstehende Text übernommen aus dem vom Verein herausgegebenen Faltblatt »Canal-Verein e.V.«

Ausfahrt des Eiderkanals bei Holtenau, etwa 1887/1890.
Bildnachweis: Sammlung »Canal-Verein e.V.«

Schleuse – beschrieben 1784

»*Schleuse ist ein Bassin, das Barken in sich fassen kann und an beyden Enden mit Thüren versehen ist, vermittelst deren sich das Wasser erhöhen und erniedrigen läßt, um die Fahrzeuge auf- und abzubringen.*«

(Aus: »Geographisch-Historisch-Statistisches Zeitungs-Lexicon« von Wolfgang Jäger. 2. Teil. 1784.)

Die Holtenauer Schleuse Nr. 1 von 1784 – nach einem alten Stich. Bildnachweis: Sammlung »Canal-Verein e.V.«

121

Schleuse Klein Königsförde

Auch in Klein Königsförde*) blieb ein Abschnitt des Eiderkanals erhalten. Ein gemütlicher Wanderweg führt daran entlang. Bis hin zu den Schleusenkammern mit der malerischen Klappbrücke. Mehrfach mußte die Brücke saniert und renoviert werden. Aber sie zeigt sich noch immer so wie zur Bauzeit vor 227 Jahren. Auch wenn sie nicht mehr auf- und zugeklappt wird. Wozu auch. Schiffe werden hier schon seit mehr als 100 Jahren nicht mehr geschleust.

Für Fußgänger und Radfahrer ist die Brücke passierbar. Auf dem Weg von Klein Königsför- de diesseits, nach Groß Königsförde jenseits des Kanals (oder umgekehrt).

*) Ortsbestimmung Klein Königsförde: Autobahn A 210 Kiel – Rendsburg. Abfahrt Nr. 4, Bredenbek. Am östlichen Ortsausgang Straßenschild Klein Königsförde. Im Ort Hinweisschild zur Schleuse.

➲ Hilfreich: Wander- und Freizeitkarte Nr. 5, 1 : 50.000.

Familie Schwan zieht ihre Bahn auf dem idyllischen Kanalabschnitt bei Klein Königsförde. Der Kanal ist vom angrenzenden Wanderweg gut einzusehen

Die Eider-Kanalklappbrücke von Klein Königsförde auf den Mauern der Schleusenkammern

Brücken

Der Kanal hat verschiedene Landwege unterbrochen. Deshalb wurden über die Schleusen in Holtenau, bei Knoop, Klein Königsförde, Kluvensiek und Rendsburg Klappbrücken gebaut.

In Kluvensiek – direkt neben der Straße – beeindrucken die gußeisernen Portale der ehemaligen Klappbrücke (= Zugbrücke) von 1849 / 50, gegossen in der vormaligen Carlshütte in Büdelsdorf. Diese Portale ersetzten die ursprünglich hölzernen Vorgänger.

Die gußeisernen Trägerportale der ehemaligen Zugbrücke Kluvensiek

Die Spitzen der Portale sind geschmückt mit den Initialen des dänischen Königs Friedrich VII., einschließlich Königskrone

Im Sockel der Portale der Name der Herstellungsfirma: Carls Hütte

Treidel-Notiz aus dem Jahr 1855

»An beiden Seiten des Canals vom Kieler Hafen bis Fohrde, sowie an der Nordseite der Seen und der Eider zwischen Fohrde und Rendsburg, sind Ziehwege zum Fortschaffen der Schiffe durch Pferde eingerichtet; die Entrepreneure*) dieser Beförderung, denen es 4 gibt, wohnen in Holtenau, Landwehr, Cluvensiek und Rendsburg-Vorwerk. Selbst bei widrigem Winde geschieht die Pferdebeförderung von der Ostsee bis Rendsburg in 10 bis 12 Stunden.«

*) Entrepreneur = Unternehmer, Veranstalter

(Aus: »Topographie der Herzogthümer Holstein und Lauenburg...« von Johannes von Schröder und Hermann Biernatzki. 2. Auflage, 1. Band. 1855.)

Knapp 1 Kilometer des Eiderkanals blieb in Kiel-Holtenau erhalten. Parallel zur Kanalstraße, neben den heutigen Schleusen des Nord-Ostsee-Kanals, Nordseite. Dieser kleine Kanalabschnitt mündet westlich direkt in den Nord-Ostsee-Kanal, östlich in die Kieler Förde. Neben dem Kanal – Bild – ein kurzer Spazierweg vor einer kleinen Grünanlage. Von solchen Begleitwegen aus wurden die Schiffe früher gezogen, das heißt, getreidelt

Der Obelisk

Ein Obelisk, das ist ein schmaler, hoher, sich nach oben verjüngender Steinpfeiler auf zumeist quadratischem Grundriß. Die obere Spitze ist pyramidenförmig. Die Ägypter haben im 3. Jahrtausend v. Chr. den Obelisken »erfunden«. Er war ihrem Sonnengott geweiht.

Vor dem großen Kanalpackhaus aus Eiderkanal-Zeiten in Kiel-Holtenau steht auch ein Obelisk. Nicht alt-, auch nicht neuägyptisch, sondern dänisch. Aufgestellt 1784 anläßlich der Fertigstellung des Eiderkanals. Die Inschrift in feinem Latein: »PATRIAE ET POPULO«. Das ist: »Für Vaterland und Volk«. Gemeint ist wohl das gesamtdänische Volk und Vaterland. Denn 1784 stand Schleswig-Holstein unter dänischer Oberherrschaft, gehörte zum dänischen Gesamtstaat.

Die strahlend-leuchtende güldene Königskrone auf der Spitze des Obelisken ist somit dem dänischen König Christian VII. zuzuordnen. Der war 1784 im Amt. Zur Kanaleröffnung oder Einweihung ist er nicht gekommen. Es soll Terminschwierigkeiten gegeben haben, der König hatte in Kopenhagen zu tun.

Der geschichtlichen Wahrheit wegen: Der heutige Obelisk ist eine Kopie des vormaligen Originals.

Der Obelisk vor dem ehemaligen Kanalpackhaus in Kiel-Holtenau

Die Aufsicht hatte der »Schifffahrtsinspector«

Mit Wirkung vom 1. April 1872 erfolgte eine Neuregelung der obrigkeitlichen Zuständigkeiten für den Kanal. Im »Amtsblatt der Königlichen Regierung zu Schleswig« vom 2. August 1872 wird dazu ausgeführt:

»Alle nichtbaulichen Geschäfte im Bezirke des Schleswig-Holsteinischen Kanals und der Eider bis in die Nordsee, insbesondere
- die Schifffahrtspolizei, einschließlich der Aufsicht über die Beförderung der Schiffe durch Pferde und Dampfschlepper und die desfalls bestehenden Einrichtungen auf der ganzen durch den Kanal und die Eider gebildeten Wasserstraße zwischen Ost- und Nordsee
- das Lootsenwesen
- die Aufsicht über die Schifffahrtszeichen der genannten Wasserstraße (...)
- die Verwaltung der Dienstwohnungen aller ihm unterstellten Beamten und der Dienstfahrzeuge werden vom genannten Zeitpunkte (1. April 1872) von einem Schifffahrtsinspector, mit dem Wohnsitz in Rendsburg, wahrgenommen.«

Detail der Rathmannsdorfer Schleuse. Die auch hier einst vorhandenen Schiffahrtszeichen, für die der »Schifffahrtsinspector« die Aufsicht hatte, sind – verständlicherweise – verschwunden

Passagezahlen

Um 1855:
»Die Zahl der Schiffe, welche den Canal passiren, beträgt im Durchschnitt jährlich 2700.«[*]

1868:
»Erst 1868 hatte man mehr als 4500 Passagen, und zwar genau 4808 verzeichnen können.«[**]

1872:
»Die Passagezahlen erreichten 1872 mit 5222 Durchfahrten ihren Höhepunkt.«[***]

1883:
»Noch 1883 passierten den nahezu hundertjährigen Kanal 4510 Schiffe.«[**]

Wenn die Chronisten richtig gezählt haben, waren es in rund 100 Jahren insgesamt 284.000 Schiffe, die die Schleuse Kluvensiek (Bild) passierten

Gesamtzahl:
»Insgesamt haben in den hundert Jahren seines Bestehens über 284.000 Schiffe den Kanal durchfahren.«[***]

Quellenangaben:
[*] »Topographie der Herzogthümer Holstein und Lauenburg (...)« von Johannes von Schröder und Hermann Biernatzki. Ausgabe von 1855.

[**] »Nord-Ostsee-Kanal 1895 – 1995.« Herausgegeben im Auftrag des Bundesministers für Verkehr. Copyright: Wasser- und Schiffsdirektion Nord. Wachholtz-Verlag. 1995.

[***] »Der alte Eiderkanal / Schleswig-Holsteinischer Kanal« von Gerd Stolz. Westholsteinische Verlagsanstalt Boyens & Co. Heide in Holstein. 4. Auflage. 1989.

Konsul – dank holländischer Schiffe

Im Jahr 1839 hatte Johann Christian von Zerssen in Rendsburg seine Firma Zerssen & Co., Maklerei, Spedition und Reederei, gegründet. Seit 1842 war er belgischer Konsul. 1853 wurde dem erfolgreichen Unternehmer auch das holländische Konsulat übertragen. Zitat[*]: »*Letzteres hing eng damit zusammen, daß 20 Prozent aller Schiffe auf dem Eiderkanal unter holländischer Flagge fuhren.*«

[*] Zitat übernommen aus der Jubiläumsschrift »150 Jahre Zerssen 1839–1989«. Copyright: Zerssen & Co., Kiel. 1989.

Auch zu Zeiten von Konsul Johann Christian von Zerssen wurde im Eiderkanal gefischt. Diese Aufnahme entstand jedoch erst im Frühjahr 2010: Fischer Anton Kardel auf seinem Boot am Steg im Eiderkanalabschnitt in Kiel-Holtenau an der Kanalstraße

Pachtbar

So ein Angebot ist selten, aber kommt vor. Diese Anzeige erschien am 11. September 2010 in den »Kieler Nachrichten«:
»Wasserfläche, 2,6 ha (alter Eiderkanal) bei Bredenbek zu verpachten. Telefon xxx/xxx.«

Interessant wohl für Anglervereine oder / und Liebhaber stiller Natur.

Schneeglöckchen-Gruß am Eiderkanal in Kluvensiek (bei Bredenbek)

Der Eiderkanal hebt Tönnings Wohlstand

In seinem 1795 anonym erschienenen Buch*) »Versuch einer Beschreibung von Eiderstädt« beschreibt der Verfasser, wie der seit 1784 in Betrieb befindliche Eiderkanal den Wohlstand der Stadt Tönning hebt. Hier der Originaltext:

»Erst jetzt hebt es (gemeint ist der Wohlstand, Anm. Autor) *sich wieder seitdem der Kanal gegraben ist, und alle Schiffe, die aus der Nordsee kommen, hier anlegen und ihren Zoll entrichten müssen; zu dem noch das kommt, daß oft auch viele aus der Ostsee kommende Schiffe hier* *überwintern. Ueberall geht auch nicht leicht eins dieser Schiffe aus Tönning, ohne irgend etwas an Provision mitzunehmen, welches zuweilen sehr bedeutend ist, und wenns auch nur 10 Thaler an Werth seyn sollte, doch durch die Menge immer ein Ansehnliches zur Konsumtion beiträgt. Im abgewichnen Jahr 1794, giengen 741 Schiffe hier durch, aus der Ostsee nach der Westsee.«*

*) Verfasser war – wie heute bekannt ist – Friedrich Volkmar, damals Rektor der Lateinschule in Garding.

Der Wohlstand in Tönning »hob sich« – dank Eiderkanal. An der Straße Am Hafen, auf der Deichkrone oberhalb der Ladestraße, entstanden – Nr. 22, 23, 24 – diese prächtigen zweigeschossigen Traufenhäuser mit übergiebelten Zwerchhäusern. Die Häuser Nr. 23 und Nr. 24 sind auf 1797 datiert. 13 Jahre zuvor war der Eiderkanal eröffnet worden

Tönnings Stadtschuld beglichen – teilweise

Über besondere Privilegien der Stadt Tönning in früherer Zeit berichtet im Jahr 1854 Johannes von Schröder in der 2. Auflage seiner »Topographie des Herzogthums Schleswig«. Zum Beispiel über das wichtige (und wohl sehr einträgliche) Recht, auf der Eider »Tonnen und Baaken zu halten«. Und dafür von den Schiffern eine Abgabe zu fordern.

Mit der Anlegung des Eiderkanals mußte Tönning auf dieses Recht verzichten. Allerdings nicht umsonst. Laut Johannes von Schröder zahlte die Landesherrschaft 10.000 Reichstaler Ablöse. Damals ein bedeutsamer Betrag. Mit diesem Geld soll – gemäß der Schröder'schen Darstellung – Tönning einen Teil der Stadtschuld beglichen haben.

Handkran von 1834 am Hafen

Tönnings Hafen. Zur Zeit des Eiderkanals florierte der Warenumschlag. Heute wird der idyllische Hafen von der Sportschiffahrt, Ausflugsschiffen und einigen Fischerbooten genutzt. Im Bildhintergrund (rechts) das 1783 errichtete mächtige Packhaus

Der Speicher des Herrn Lempelius

Zu Zeiten des Eiderkanals florierte die Hafen-
wirtschaft in Tönning. Senator Harald Lempelius wollte am boomenden Güterumschlag und
damit am wirtschaftlichen Erfolg teilhaben. Deshalb errichtete er im Jahr 1854 direkt am Hafen
ein privates Speichergebäude.

Der 1895 eröffnete Nord-Ostsee-Kanal führt
nicht nach Tönning. Und der Eiderkanal war
passé. Für die kleine Stadt ein herber Verlust.
Die »großen Zeiten« des Hafens waren Vergangenheit. Auch der private Speicher hatte ausgedient. Ein neuer Eigentümer ließ das Gebäude
1901 zum Wohnhaus umbauen. In Tönning wird
der Ex-Speicher wegen seines beeindruckenden
Aussehens das »Schloß« genannt.

*Blick auf den vormaligen Speicher
(heute Wohnhaus) des Senators
Lempelius*

BREITENBURGER SCHIFFAHRTSKANAL

Der Bauherr: Graf Conrad von Holstein

Als Graf Friedrich zu Rantzau starb, erbte 1871 sein Sohn Kuno Schloß und Herrschaft Breitenburg. Allerdings war Kuno – nach damals geltendem Recht – zu dem Zeitpunkt noch nicht volljährig. Sein Vetter, Graf Conrad von Holstein (1825–1897) auf Gut Waterneversdorf im Kreise Plön, wurde ab 1871 für 6 Jahre zu seinem Vormund bestellt. Diese Vormundschaft beinhaltete zugleich die Verwaltung der Herrschaft Breitenburg.

Graf Conrad von Holstein erwies sich für die wirtschaftliche Entwicklung Breitenburgs als sehr vorteilhaft. Henning von Rumohr hat ihn 1960 wie folgt beschrieben[*]): «... *eine im Lande weithin bekannte Persönlichkeit, langjähriges Mit-* *glied des Reichstages und Wortführer der Interessen der deutschen Landwirtschaft.*»

Graf Conrad von Holstein war es, der in den Jahren 1872 bis 1877 den Bau des Breitenburger Schiffahrtskanals[**]) durchführen ließ. Chronisten bezeichnung den Kanalbau als sein bedeutendstes Werk für die Herrschaft Breitenburg[**]).

[*]) In »Schlösser und Herrensitze in Schleswig-Holstein und Hamburg«. Verlag Wolfgang Weidlich. 1960.

[**]) Ortsbestimmung Breitenburg und Lagebestimmung Breitenburger Schiffahrtskanal siehe Fußnoten zum Bericht »3000 Schiffe jährlich«, Seite 144.

Der Breitenburger Schiffahrtskanal. Gesehen von der Straßenbrücke über den Kanal, an der Landesstraße 116, von Breitenburg nach Lägerdorf

Vor der Straßenbrücke über den Kanal an der Landesstraße 116, Breitenburg – Lägerdorf, beginnt links ein »uriger« Wanderpfad am Kanal entlang, mitten durch stille, verkehrsferne Natur. Mit stimmungsvollen Bildern wie diesen:

Links:
Der Kanal zeigt sich fast ein wenig mystisch

Oben:
Reste einer früheren Uferbefestigung, vom »Zahn der Zeit« neu geformt

➲ Hilfreich: Wander- und Freizeitkarte Nr. 7, 1 : 50.000

Baukosten: 200.000 Mark

Den Bau das Kanals hat die Herrschaft Breitenburg bezahlt. Kosten: 200.000 Mark. In den 1870er Jahren ein enormer Betrag.

Warum investierte Breitenburg dieses Geld?

Nach Ausführungen im »Heimatbuch des Kreises Steinburg« (1925) hatte die Herrschaft Breitenburg*) Interesse daran, daß die Breitenburger-Portland-Zement-Fabrik florierte. Denn die Kreidegruben dieses Unternehmens befanden sich auf Gelände, das von der Gutsherrschaft Breitenburg gepachtet war. Für jeden Kubikmeter geförderter Kreide hatte die Firma – laut vorgenanntem Heimatbuch – eine Abgabe an die Grafen zu Rantzau-Breitenburg zu leisten. Die Firma war außerdem laut Vertrag verpflichtet, ihre gesamten Transporte über den Kanal zu führen. Auch die Schiffer hatten – so berichtet es das Heimatbuch – für jede Fahrt eine Abgabe an das Grafenhaus zu zahlen.

Graf zu Rantzau auf Breitenburg bestätigte dem Autor dieses Buches auf Anfrage im August 2010: Der Breitenburger Schiffahrtskanal befindet sich auch heute noch im Eigentum der gräflichen Familie zu Rantzau auf Breitenburg.

*) Ortsbestimmung Breitenburg und Lagebestimmung Breitenburger Schiffahrtskanal siehe Fußnoten zum Bericht »3000 Schiffe jährlich«, Seite 144.

Motiv am Ausfluß des Kanals aus der Münsterdorfer Schleuse in die Stör

Das Bassin der Schleuse wird vom Münsterdorfer Yachtclub als Liegeplatz für Segel- und Motorboote genutzt

Mit diesem Wehr kann der Zufluß der Wassermenge aus dem Kanal in das Schleusenbecken und damit der Abfluß in die Stör reguliert werden

3000 Schiffe jährlich

Die Natur hat Schleswig-Holstein mit mächtigen Kreidelagerstätten ausgestattet. Kreide, die vor rund 100 Millionen Jahren in einem Urmeer aus Ablagerungen winziger Kalkplättchen planktischer Algen entstand. Bei Lägerdorf*) im Kreis Steinburg liegt die Kreide in ergiebigen Schichten bis knapp unter der Erdoberfläche. Sie wurde und wird im Tagebau abgebaut, vor allem als wichtiger Bestandteil für Zement.

Zu Beginn der industriellen Kreidegewinnung ab etwa 1850 machte der Transport der zur Ausfuhr gelangenden Materialien – nämlich Kreide und Zement – große Probleme. Das galt gleichermaßen für den Antransport von Kohle und Ton, die für die Zementherstellung benötigt wurden.

Die Breitenburger Gutsherrschaft, vormundlich vertreten durch Graf Conrad von Holstein, ließ in den Jahren 1872 – 1877 den Breitenburger Schifffahrtskanal**) anlegen. Um dadurch den Güterverkehr auf den Wasserweg zu verlagern und somit das Transportproblem zu lösen.

Zitat aus dem »Heimatbuch des Kreises Steinburg«, Band 2, aus dem Jahr 1925:

»Der Kanal mündet zwischen Breitenburg*) und Münsterdorf*) mittels einer Schleuse in die Stör. Er (...) endigt bei der Breitenburger Fabrik. Das Kanalbett ist etwa 10 – 12 Meter breit und hat eine Wassertiefe von etwa 3 Meter. Kleinere Ewer und Schuten können den Kanal benutzen (...). So ist die Möglichkeit gegeben, daß Zement und Malerkreide von Lägerdorf aus direkt nach Hamburg (...) und Kohlen und Ton von Hamburg und Kellinghusen geradewegs nach Lägerdorf gebracht werden können.«

Zum Kanalbau nutzte man von der Schleuse an der Stör bis zur sogenannten Moorbrücke zum Teil den bereits vorhandenen Moorkanal. Dieser diente zur Entwässerung der Hörnerauniederung. Und wurde von Torfbooten befahren. Der Ausbau erfolgte auf Schiffahrtskanalmaße, 10 Meter breit, 3 Meter tief. Völlig neu ausgegraben wurde die vom Moorkanal abzweigende Strecke bis zum Kreidewerk Lägerdorf.

Laut vorgenanntem Heimatbuch wurde der Verkehr auf dem sechs Kilometer langen Breitenburger Schiffahrtskanal um 1914 mit 3000 Schiffen jährlich angegeben.

*) Ortsbestimmung Lägerdorf, Breitenburg, Münsterdorf:
Wenige Kilometer südlich / südöstlich der Kreisstadt Itzehoe.

**) Lagebestimmung Breitenburger Schiffahrtskanal:
Beginnt (endet) an der Münsterdorfer Störschleuse zwischen Münsterdorf und Breitenburg mit südöstlichem Verlauf. Eine kurze Strecke direkt neben der Landesstraße L 116, Breitenburg – Lägerdorf. An der Straßenbrücke abknickend nach Osten, dann südlich. Ausgangs des Waldes Teilung in zwei Arme. Der südlich verlaufende Abschnitt führt zum Kreidewerk in Lägerdorf (gehört zum eigentlichen Schiffahrtskanal). Die östlich verlaufende Strecke ist ein Abschnitt des vormaligen Moorgrabens.

➲ Hilfreich:
- Kreiskarte Steinburg, 1 : 75.000
- Wander- und Freizeitkarte Nr. 7, 1 : 50.000

*Zementbeförderung mit Frachtkähnen auf dem Kanal.
Schiffer, die keine Gelegenheit hatten, sich einem Treidelzug
anzuschließen, mußten entweder selbst ziehen oder – wie
auf dem Bild – staken. Eine Aufnahme aus den 1920er oder
1930er Jahren. Bildnachweis: Heimatmuseum Lägerdorf*

*Frachtkähne auf dem Breitenburger Schiffahrtskanal um
1920. Anfangs wurden die Schiffe getreidelt, auf kurzen, ge-
raden Abschnitten auch (zusätzlich) gesegelt. Ab den 1930er
Jahren fuhren Schiffe unter Motor.
Bildnachweis: Heimatmuseum Lägerdorf*

Gütertransport bis 1975

Kreide wird bei Lägerdorf noch immer abgebaut. Zitat aus dem »Statistischen Jahrbuch Schleswig-Holstein 2009/2010«:

»Gebunden an den Salzstock Krempe werden bei Lägerdorf oberflächennahe Kreidekalke für die Herstellung von Zement, Füllstoff- und Futterkreiden sowie Bau- und Düngekalken genutzt. Die Jahresförderung betrug 2008 ca. 2,5 Millionen Tonnen Kalkrohstoffe.«

Zum Transport der gewonnenen Materialien wird der Breitenburger Schiffahrtskanal nicht mehr genutzt. Nach Auskunft von Graf zu Rantzau auf Breitenburg erfolgte Gütertransport auf dem Kanal bis 1975. Heute dient der Kanal insbesondere der Entwässerung von ungefähr 8000 Hektar Land.

Hochbetrieb im Kanalhafen bei der Breitenburger Zementfabrik. Aufnahme aus der Zeit um 1900. Bildnachweis: Sammlung Willi Vogel, Rethwisch (bei Lägerdorf)

147

NORD-OSTSEE-KANAL/
KIEL CANAL

Kanalbau

Mit einer feierlichen Zeremonie legte Kaiser Wilhelm I. am 3. Juni 1887 in Holtenau bei Kiel den Grundstein zum Bau des Kanals. Damals war Holtenau noch eine eigenständige Landgemeinde, kein Kieler Stadtteil. Erst 1922 wurde Holtenau nach Kiel eingemeindet.

Von 1887 bis 1895 waren 8900 Arbeiter mit dem Aushub der knapp 100 Kilometer langen Kanalrinne beschäftigt. 80 Millionen Kubikmeter Erdreich wurden bewegt. Abmessungen: Kanalbreite auf Wasserhöhe 66,7 Meter, Sohlbreite 22 Meter, Kanaltiefe 9 Meter. Die veranschlagten Kosten von 156 Millionen Goldmark wurden nicht überschritten.

Am 21. Juni 1895 wurde der Kanal eingeweiht.

Bauarbeiten für den Nord-Ostsee-Kanal (vor 1895). Die (erste) Grünenthaler Hochbrücke ist bereits errichtet. Bildnachweis: Übernommen aus »Der Weltverkehr und seine Mittel«, 1. Band. Verlag von Otto Spamer. Ohne Jahresangabe, ca. 1900

*Bau der Schleusentore für die erste Schleuse Brunsbüttel
(vor 1895). Bildnachweis: Übernommen aus »Der Weltverkehr und seine Mittel«, 1. Band. Verlag von Otto Spamer.
Ohne Jahresangabe, ca. 1900*

Kanalnamen

In der Planungs- und ersten Bauphase: Nord-Ostsee-Kanal. Ab Kanaleinweihung und »Taufe« durch
Kaiser Wilhelm II. am 21. Juni 1895: Kaiser-Wilhelm-Kanal. Zu Ehren von Kaiser Wilhelm I., in
dessen kaiserlicher Zeit der Kanalbau begonnen
wurde. Offizielle Umbenennung erst im Jahr 1948.
Jetzt wieder: Nord-Ostsee-Kanal. In internationen
Schiffahrtskreisen aber nur: Kiel Canal.

*Symbolisch: Nord- und Ostsee (verbunden
durch den Kanal) geben sich die Hand.
Relieftafel über dem Eingangsportal zur
kleinen Gedenkstätte im Kanalleuchtturm
Kiel-Holtenau*

Kanalerweiterung

Schon bald nach Fertigstellung des Kanals reichten seine Abmessungen, auch die Größe der Schleusen, für immer größere Schiffe nicht mehr aus.

In einer 2. Bauphase wurde an der Erweiterung bis 1914 gearbeitet. Die neuen Abmessungen: Breite auf Wasserspiegelhöhe 102,5 Meter, Sohlbreite 44 Meter, Kanaltiefe 11 Meter. Zwischen 1960 und 2002 erfolgten weitere Ausbau- und Sicherungsmaßnahmen. Unter anderem wurde auf der rund 80 Kilometer langen Strecke von Brunsbüt-tel bis zur Weiche Königsförde die Sohlbreite von 44 Meter auf 90 Meter, die Wasserspiegelbreite von 102,5 Meter auf 160 Meter verbreitert. Die Wassertiefe beträgt unverändert 11 Meter. Nur im 16 Kilometer langen Ostabschnitt zwischen Weiche Königsförde und Kiel-Holtenau erfolgte bisher (Stand: Juli 2011) noch keine Verbreiterung und Begradigung. Die Pläne dafür sind erstellt, Vorarbeiten bereits ausgeführt. Baubeginn soll »bald« erfolgen. Sobald der Bund als Eigentümer des Kanals die Gelder freigegeben hat.

Auch wenn die Kanal-Oststrecke noch nicht ausgebaut ist: Die 166 Meter lange und 25 Meter breite »NIPPON MARU«, Heimathafen Tokyo, kann den Kanal befahren

Schleusen

Durch die Doppelkammer-Schleusen in Kiel-Holtenau und in Brunsbüttel werden unterschiedliche Wasserstände ausgeglichen. In Kiel zwischen Kanal und Kieler Förde, sprich: Ostsee. In Brunsbüttel zwischen Kanal und Elbe, sprich: Nordsee.

Die Abmessungen der alten Schleusen von 1895: Nutzlänge 125 Meter, Nutzbreite 22 Meter. Größe der neuen Schleusen von 1914: Nutzlänge 310 Meter, Nutzbreite 42 Meter. Nach umfassender Mo-

dernisierung wurden die alten Schleusen von 1895 im Jahr 1960 zusätzlich zu den neuen Schleusen wieder in Betrieb genommen, um den steigenden Verkehr zu bewältigen. In Brunsbüttel soll der Bau einer 5. Schleusenkammer beginnen (sobald die erforderlichen Bundesmittel verfügbar sind).

Aussichtsplattformen für Besucher ermöglichen in Kiel und in Brunsbüttel, das Geschehen in den Schleusen zu beobachten.

Die Kaiseryacht S.M.S. »HOHENZOLLERN« in der soeben freigegebenen (alten) Brunsbütteler Schleuse. Nach einer Zeichnung von Fritz Stoltenberg aus dem Jahr 1895. Kaiser Wilhelm II. passierte auf der Fahrt von Hamburg nach Kiel an Bord der »HOHENZOLLERN« die Schleuse am 20. Juni 1895. Am 21. Juni eröffnete der Kaiser in Holtenau mit pompösen Feierlichkeiten den Kaiser-Wilhelm-Kanal (heute Nord-Ostsee-Kanal). Bildnachweis: Übernommen aus »Schleswig-Holstein meerumschlungen in Wort und Bild«. Verlagshandlung Lipsius & Tischer, Kiel. 1896

*Blick von der – auch für Fußgänger zugelassenen – östlichen
Straßenhochbrücke zwischen den Kieler Stadtteilen Wik und
Holtenau auf die alten Schleusen von 1895 in Kiel-Holtenau*

Hochbetrieb in der Schleuse Kiel-Holtenau

Brücken, Tunnel, Fähren

Der Kanal trennt das Land in zwei Teile. 10 Brük-ken, 2 Tunnel, 13 Fähren und eine Schwebefähre ermöglichen den Verkehr hinüber und herüber. Die Benutzung, auch der Fähren, ist kostenfrei.

*Kanalfähre Sehestedt**)*

➲ Hilfreich: Wander- und Freizeitkarte Nr. 5, 1 : 50.000

Die 205 Meter lange, 29,5 Meter breite »KRAFTCA« unter der Eisenbahnhochbrücke Hochdonn)*

➲ Hilfreich: Kreiskarte Dithmarschen, 1 : 75.000

*) Ortsbestimmung Hochdonn: Rund 18 Kilometer nordnordöstlich von Brunsbüttel.
**) Ortsbestimmung Sehestedt: Rund 10 Kilometer nordöstlich von Rendsburg.

Schweben

Lediglich acht Schwebefähren soll es noch auf der Welt geben. Davon sechs museal, zwei in Echtbetrieb. Aber nur die Schwebefähre Rendsburg verkehrt nach Fahrplan, alle 15 Minuten von jedem Ufer, von 5.00 bis 23.00 Uhr. Und das seit 1913!

Die Schwebefähre ist an Seilen unter der Eisenbahnhochbrücke aufgehängt. Per Fahrwagen schwebt sie über den Kanal, hinüber und herüber.

Längst ist die Schwebefähre ein Industriedenkmal, seit über 20 Jahren unter Denkmalschutz stehend. Aber, wie gesagt, sie ist keine Museumsfähre, sondern dient dem normalen Straßenverkehr zwischen Rendsburg und Osterrönfeld.

Fußgänger und Radfahrer werden befördert und pro Tour bis zu vier PKW, maximal 7,5 Tonnen.

Schwebe-Fährgeld wird nicht erhoben.

In Rendsburg in 1½ Minuten über den Kanal schweben

Unter allen Flaggen dieser Welt

Nord-Ostsee-Kanal, die meistbefahrene künstliche Seeschiffahrtsstraße der Welt. Hier kommen sie des Wasserweges, alle Schiffe unter allen Flaggen. Im ganztägigen, ganzjährigen Endlosbetrieb, immer. Rund 40.000 Schiffe pro Jahr. Plus etwa 14.000 Sportboote.

Die Zuschauer auf den für Fußgänger und Radfahrer zugelassenen Begleitwegen erleben alles live. Und fast zum Anfassen nahe. Nirgendwo sonst ist man der internationalen Schiffahrt näher. Und nirgendwo sonst sind Schiffe und sonstige Wasserfahrzeuge aller Art zu bewundern, von groß bis klein: Containerfrachter, Bulkcarrier (= Massengutfrachter), Chemikalientanker, Tanker für Flüssigkeiten wie zum Beispiel Treibstoff/Ölderivate, Schlepper, Schwimmpontons, Binnenschiffe, Ausflugsschiffe, Marineschiffe, Kreuzfahrtschiffe (= Traumschiffe), Großsegler, Motoryachten der Nobelklasse, Sportboote, Autotransporter, Dampfer der Oldtimerflotte, Saugbaggerschiffe, Schwimmkräne.

Die »MS EUROPA« im Kanal. Als weltweit einziges »Traumschiff« ist die »EUROPA« im Jahr 2010 – zum zehnten Mal in Folge – mit der Kategorie »Fünf-Sterne-plus« bewertet worden

Blick auf das Oberdeck des
Chemietankers »EURO SKYE«

Oben:
Containerfrachter »UTE
JOHANNA«

Unten:
Die »UTE JOHANNA«
nah gesehen

Schiffe im Detail

Der Kanal ist schmal, die Schiffe sind groß. Und die Zuschauer auf dem Kanalbegleitweg sind ganz dicht dran. Dadurch sind nicht nur die Schiffe insgesamt zu bewundern, sondern es lassen sich auch die vielen Einzelheiten klar erkennen. Schiffe im Detail – ein spezielles, »maritimes Bilderbuch«.

Die blau-weiß karierte Flagge läßt erkennen: Freifahrer. Das heißt, dieses kleine Schiff hat keinen Lotsen an Bord. Die rote Flagge: gefährliche Ladung

Für Laien schwer vorstellbar, daß ein solcher Wulstbug sich auf den Wasserwiderstand günstig auswirkt. Und dadurch dem Schiff Treibstoff, sprich Kosten spart

Mit 15 km/h durch den Kanal

Der Nord-Ostsee-Kanal beginnt bei Kanalkilometer 0,0 in Brunsbüttel, führt an der Kanalstadt Rendsburg vorbei, und endet bei Kilometer 98,637 in Kiel-Holtenau. Der Kanal ist also knapp 100 Kilometer lang. 6,5 bis 8 Stunden, je nach Verkehrsdichte und Schiffsgröße, dauert die Passage. Ohne Schleusenzeit. Die Liegezeit in den Schleusen beträgt zwischen 15 Minuten und maximal (knapp) 1 Stunde. Die im Kanal zugelassene Höchstgeschwindigkeit: 15 km/h. Für die größten »Pötte« und für Schiffe mit mehr als 8,5 Meter Tiefgang jedoch nur 12 km/h.

Die im Jahr 2000 in Hamburg gebaute »ELISABETH«, Heimathafen Heerenveen (Niederlande), mit 15 km/h auf der Fahrt durch den Kanal

Lotse an Bord

Für die Schiffe im Kanal besteht Lotspflicht. Das heißt, sie sind zur Annahme eines Lotsen verpflichtet. Nur kleine Einheiten und Sportboote sind von der Lotspflicht befreit.

Der Lotse berät für die Dauer der Kanalpassage die Schiffsführung. Er ist Berater, nicht »Kapitän auf Zeit«. Und er steuert das Schiff auch nicht, steht nicht am Ruder oder am (Steuerungs-)Joystick. Aber nach seinem Rat wird gesteuert, wird die Geschwindigkeit reguliert, werden notwendige Manöver ausgeführt.

An der Lotsenstation Rüsterbergen*) ist Lotsenwechsel. Die Lotsen sind zuständig entweder für den 55 Kilometer langen Kanalabschnitt Brunsbüttel – Rüsterbergen oder für die 44 Kilometer lange Strecke Kiel-Holtenau – Rüsterbergen. Vom Kanalbegleitweg aus, Südseite*), läßt sich der Lotsenwechsel gut beobachten.

Lotsen sind Freiberufler. Sie sind zusammengeschlossen in der Lotsenbrüderschaft NOK I mit Sitz in Brunsbüttel und in der Lotsenbrüderschaft NOK II mit Sitz in Kiel-Holtenau. Alle Kanallotsen (offizielle Bezeichnung: Seelotsen) sind »Kapitän auf großer Fahrt« mit entsprechender Fahrenszeit. Die zusätzliche Ausbildung für den Dienst im Kanal beträgt 8 Monate.

*) Ortsbestimmung Rüsterbergen:
Wenige Kilometer südwestlich von Rendsburg.

⮌ Hilfreich:
- Wander- und Freizeitkarte Nr. 6, 1:50.000 und/oder
- Kreiskarte Rendsburg-Eckernförde, 1:100.000

Lotsenwechsel auf Höhe Rüsterbergen. Der Lotse geht über die ausgebrachte Jakobsleiter an Bord. Das Lotsenversetzboot und das Schiff fahren dazu mit gleicher Geschwindigkeit nebeneinander her. Der Lotsenwechsel erfolgt auch bei Nacht und bei jedem Wetter

Kanalsteurer

Im Verhältnis zur offenen See ist der Kanal sehr schmal, es gibt Kurven, es herrscht Gegenverkehr. Ein schwieriges Fahrwasser. Deshalb besteht für Schiffe ab bestimmter Größe die Pflicht zur Annahme eines Kanalsteurers, ergänzend zum Lotsen. Besonders große Schiffe werden mit zwei Kanalsteurern besetzt.

Kanalsteurer stehen am Ruder oder am Steuerungs-Joystick, sie steuern das Schiff.

Sie sind, anders als Lotsen, keine Freiberufler, sondern Arbeitnehmer. Für die Dauer der Kanalpassage besteht zwischen dem Reeder und dem jeweiligen Steurer ein Arbeitsvertrag.

Seit 1908 sind die Kanalsteurer zusammengeschlossen im »Verein der Kanalsteurer e.V.« mit Sitz in Kiel-Holtenau.

Auch die mit Containern hoch beladene »ANNE SIBUM« wird von Kanalsteurern durch den Kanal gesteuert

Kiel: Dreimal weltbekannt

Drei Dinge haben Kiel weltbekannt gemacht: Die »Kieler Woche«, seit mehr als 100 Jahren alljährlich in der letzten vollen Juniwoche die größte Segelsportveranstaltung der Welt. Und außerdem das größte Volksfest Nordeuropas und ein umfassendes Kulturereignis von Rang.

Die Kieler Sprotten. Deren ganz große Zeit ist zwar vorbei. Aber es gibt sie noch in bescheidenem Umfang. Der Begriff ist ohnehin geblieben. Auch im übertragenen Sinn. Ein hier geborenes Kind ist eine echte »Kieler Sprotte«.

Der Nord-Ostsee-Kanal. Hier an der Küste und in internationalen Schiffahrtskreisen nur Kiel Canal genannt. Auf allen fünf Erdteilen und den »Sieben Meeren« ist Kiel Canal, und damit Kiel, bekannt.

Bleibt nachzutragen in Bezug auf Kiels Weltbekanntheit: Seit einigen Jahren ist die Fördestadt einer der beliebtesten und am stärksten frequentierten Kreuzfahrthäfen Europas. Zwischen Mai und September machen die Traumschiffe an den neuen Terminals im Tiefwasserhafen mitten in der City fest. An manchen Tagen bis zu drei Kreuzfahrtschiffe gleichzeitig. Rund 400.00 Passagiere aus aller Welt kommen so jedes Jahr nach Kiel.

International sind auch die Fahrgäste auf den großen Fährschiffen, die seit Jahrzehnten täglich von Kiel aus nach Oslo und Göteborg starten und, von dort kommend, hier festmachen.

»Diese Stadt ist eine Reise wert«, sagen die Kiel-Besucher.

Schade, daß die allermeisten Schiffe im Kiel Canal an der Stadt vorbeifahren, nicht für ein paar Stunden (oder Tage) im Kieler Hafen anlegen. Es gibt Besatzungen, die schon oft in Kiel waren. Aber nur auf der Schleuse. Und von der Stadt nichts gesehen haben.

Doch für Kieler und ihre Gäste aus aller Welt ist es immer wieder ein interessantes Erlebnis, das Geschehen auf dem Kanal und auf den Schleusen zu beobachten.

*) Kiel ist die Landeshauptstadt von Schleswig-Holstein. 237.170 Einwohner (Stand September 2009).

»Kieler Woche«, seit mehr als 100 Jahren die größte internationale Segelsportveranstaltung der Welt. Mit schönsten Segelsportmotiven auf See und (Bild) an Land. Hier im Olympia-Hafen Kiel-Schilksee

Kiel ist einer der beliebtesten Kreuzfahrthäfen Europas.
Bild: Ein Traumschiff am Terminal

Das Containerschiff »DORIS SCHEPERS« in der Schleuse in Kiel-Holtenau. Größe: 144,60 Me-
ter lang, 22 Meter breit. Auch die »DORIS SCHEPERS« fährt leider »nur« an Kiel vorbei

Rendsburg – die doppelte Kanalstadt

Hafenstadt war Rendsburg »von Anfang an«. Dank der Eider schiffbar für kleine, flache Fahrzeuge. Dieser Fluß verband auf dem Wasserweg Rendsburg mit Tönning und mit der Nordsee.

Aber erst der 1784 fertiggestellte Eiderkanal, mit dem Verkehr seetüchtiger Schiffe zwischen Nordsee und Ostsee, führte zu einer beachtlichen wirtschaftlichen Entwicklung der Stadt. Schon damals galt: Rendsburg ist Kanalstadt. Ab Rendsburg nutzte der Kanal die – zum Teil ausgebaute – Eider. Also: Streckenverlauf wie vorher, über Friedrichstadt nach Tönning.

Dann kam ab 1895 der Nord-Ostsee-Kanal. Der Eiderkanal war Vergangenheit. In Rendsburg schaffte der neue Kanal Probleme. Das Grundwasser sank durch den Kanalbau deutlich ab. So sehr, daß zum Beispiel die Schiffbrücke am Hafen trockenfiel. Dieses Hafengelände wurde später zugeschüttet. Darauf entstand der Schiffbrückenplatz, heute ein Juwel im Rendsburger Stadtbild.

Rendsburg wollte aus wirtschaftlichen Gründen unbedingt Hafenplatz bleiben. Auch am neuen Kanal. Bereits 1896 – ein Jahr nach Eröffnung des Nord-Ostsee-Kanals – wurde der Kreishafen Rendsburg, direkt am Kanal gelegen, in Betrieb genommen. So gilt auch weiterhin: Rendsburg, die Kanalstadt.

Die Rendsburger Kanalhochbrücke – das schönste Brückenbauwerk am Kanal – und darunter die einzigartige Schwebefähre sind nicht nur Verkehrsträger, sondern auch touristische Highlights.

Überhaupt, diese »doppelte« Kanalstadt lädt ein zum Besuch. Die »Blaue Linie«, dauerhaft aufgemalt auf Bürgersteige und Plätze, führt 3200 Meter lang als Zick-Zack-Rundkurs durch Rendsburg*) und damit zu 30 Besichtigungspunkten. Auf dem Infoblatt »Blaue Linie«**) sind die Sehenswürdigkeiten und Kultureinrichtungen gelistet und kurz beschrieben. So kann der Stadtspaziergänger die Stadt erkunden.

*) Rendsburg ist Kreisstadt des Kreises Rendsburg-Eckernförde. 28.260 Einwohner (Stand September 2009).

**) Zu beziehen durch Tourist-Information NOK, Schiffbrücken-Galerie, 24768 Rendsburg, Telefon 04331-21120

Die »Blaue Linie« führt den Stadtbesucher zu 30 interessanten Besichtigungspunkten

Wo früher der Hafen war: Der
Schiffbrückenplatz, ein Juwel im
Rendsburger Stadtbild

Die Eisenbahnhochbrücke
Rendsburg

... und außerdem

Es gäbe noch viel, sehr viel vom Nord-Ostsee-Kanal zu berichten. Von der Verkehrssteuerung, den Signalanlagen, von den Maklerfirmen, von den Wasser- und Schiffahrtsämtern, von Feederschiffen und Containergrößen, von den 12 Weichen im Kanal, von Zylindern und Bällen im Top der Schiffe, vom Lotsengesangsverein »Knurrhahn«, von der Wasserschutzpolizei, von den Kosten der Kanalpassage, von den »ausgeflaggten« Schiffen, vom Seemannsheim, von Bunkerstationen, von der Schiffsbegrüßung Rendsburg, von »Kanal-Straßenschildern«, von den Zeichen für Bugstrahlruder und Freibordmarke auf der Schiffswand, von IMO-Nummern, alle Fähren, alle Brücken... und ... und ... und!

In diesem Buch werden 12 Kanäle vorgestellt. Deshalb ist aus Platzgründen für den Nord-Ostsee-Kanal Beschränkung erforderlich.

Über das g e s a m t e Geschehen im und am Kanal informiert auf 240 Seiten mit 124 Berichten und 177 Farbbildern der großformatige Text-Bild-Band »Reisebilder Nord-Ostsee-Kanal / Kiel Canal«. Text- und Bildautor ist – wie für das vorliegende Buch – Werner Scharnweber. Das zweisprachige Buch (deutsch / englisch) ist zum Preis von 19,90 € erhältlich im Buchhandel. ISBN 978-3-8378-5003-1.

Die »MERWEDJIK«, ein 132 Meter langer und 20 Meter breiter Containerfrachter auf dem Nord-Ostsee-Kanal

ELBE-LÜBECK-KANAL

Gebaut: Elbe-Trave-Kanal*)

Erst im Jahr 1896 wurde der alte Stecknitzkanal endgültig stillgelegt. Weil er den Ansprüchen der Schiffahrt nicht mehr entsprach. Nun waren die Lübecker Häfen von der direkten Anbindung zur Elbe und damit zur Nordsee abgeschnitten. Das gefiel den Lübecker Reedern und Handelsherren und dem Rat der Hansestadt an der Trave gar nicht. Und dann war, zum verständlichen Ärger der Lübecker, ein Jahr zuvor, 1895, auch noch der Nord-Ostsee-Kanal in Betrieb gegangen. Nicht, wie an der Trave lange erhofft, von Lübeck, sondern von Kiel aus. Lübeck befürchtete, hafenmäßig ins Abseits zu geraten. Und drängte auf den Bau eines neuen Kanals, von Lübeck zur Elbe.

Der wurde gebaut, 4 Jahre lang, von Lübeck bis Lauenburg. Über lange Strecken nutzten die Kanalbauer das Bett der alten Stecknitzfahrt, allerdings stark begradigt.

Am 16. Juni 1900 war feierliche Eröffnung durch Kaiser Wilhelm II. – als Elbe-Trave-Kanal.

Die Baukosten werden mit 23,5 Millionen Mark (Goldmark) angegeben. Davon zahlte Lübeck 15,9 Millionen, Preußen 7 Millionen und der Kreis Herzogtum Lauenburg 600.000 Mark. Die Kostenbeteiligung des Kreises Lauenburg erfolgte auf ausdrücklichen »Wunsch« der preußischen Staatsregierung.

*) Lagebestimmung des Kanals:
Von Lauenburg an der Elbe bis Lübeck.

⮑ Hilfreich: Kreiskarte Herzogtum Lauenburg, 1 : 75.000.

Gegenverkehr im Kanal
– heute

*Ausschachtungsarbeiten bei Lauenburg zum im
Bau befindlichen Elbe-Trave-Kanal. Foto: vor 1900.
Bildnachweis: Stadtarchiv Lauenburg / Elbe*

Namenswechsel: Elbe-Lübeck-Kanal

Geplant, gebaut, eingeweiht und in Betrieb genommen wurde diese Wasserstraße als Elbe-Trave-Kanal. Bei diesem Namen blieb es, rund 20 Jahre lang.

Dann erfolgte Namenswechsel. Laut Auskunft durch das Archiv der Hansestadt Lübeck*) und unter Bezug auf das »Lübeck-Lexikon« geschah das im Jahr 1921. Der neue Kanalname: Elbe-Lübeck-Kanal. Gründe für den Namenswechsel wurden nicht genannt – sagt das Archiv.

Vermutlich wollten die Lübecker ihre Stadt im Kanalnamen genannt haben. Schließlich hatte die Hansestadt mehr als die Hälfte der Baukosten bezahlt. Außerdem macht der neue Name präzise deutlich, wohin der Kanal von der Elbe aus führt – nach Lübeck nämlich. Lübeck ist weltweit ein bekannter Begriff, die Trave nicht.

Aber die allgemeine Umgewöhnung an die neue Bezeichnung Elbe-Lübeck-Kanal dauerte. Zitat Archiv der Stadt Lübeck*): »*In den Akten findet sich gleichwohl auch danach* (nach 1921, Anm. Autor) *vielfach die alte Bezeichnung.*«

*) Schreiben des Archivs der Hansestadt Lübeck vom 10. August 2010 auf Anfrage des Autors.

Abendstimmung am Elbe-Lübeck-Kanal (Ex. Elbe-Trave-Kanal)

Der Kanal und Lübecks Weltkulturerbe

Der Elbe-Lübeck-Kanal, wie auch sein Vorgänger, der Stecknitzkanal, sind entstanden in bester hanseatischer Tradition Lübecker Kaufleute und Reeder. Zur Erinnerung: Lübeck*) hat den Bau dieser Kanäle nicht nur intensiv gewollt, sondern dafür auch jeweils den größten Teil der Kosten bezahlt.

Wie einst der Stecknitzkanal, erreicht heute der Elbe-Lübeck-Kanal, ab Genin durch die sogenannte Kanal-Trave, Lübecks Altstadt von Süden. Hier vereinigt mit der Trave, die den Lübecker Altstadtkern umfließt. Insofern gehört der Elbe-Lübeck-Kanal nicht nur zum Wirtschaftsleben Lübecks, sondern auch zum einmaligen Flair der Altstadt.

Der Altstadt, die von der UNESCO zum Weltkulturerbe erklärt wurde. Mit ihren Patrizierhäusern, Speichern, Handwerker- und Kleinbürgerhäusern, dem wunderbaren Rathaus, mit Kaufmannshöfen, Wohngängen, Stadttoren, Kirchen, Klöstern. Und mit den Trave-(= Kanal-)Häfen. Bauten und Anlagen aus Romanik, Gotik, Renaissance, Barock, Klassizismus und Moderne bilden eine eindrucksvolle Einheit.

*) Lübeck, Hansestadt zwischen Tradition und Moderne, zählt 210.000 Einwohner (Stand September 2009).

Das »Haus der Schiffergesellschaft«, Amtshaus der Schiffer und Bootsleute, wurde 1535 erbaut. Heute historische Gaststätte. Breite Straße Nr. 2

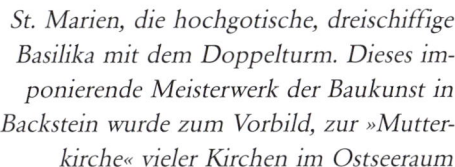

St. Marien, die hochgotische, dreischiffige
Basilika mit dem Doppelturm. Dieses im-
ponierende Meisterwerk der Baukunst in
Backstein wurde zum Vorbild, zur »Mutter-
kirche« vieler Kirchen im Ostseeraum

Ausschnitt aus der prachtvollen Schau-
fassade an der Südseite des Lübecker
Rathauses. Dahinter aufragend die hohe
Mauer des ältesten Teils des Rathauses,
umgestaltet und mit großen Windlöchern
versehen anno 1435

Enteignung von Grundeigentum

Für den Bau des Elbe-Trave-Kanals wurden, auf der Rechtsgrundlage eines Enteignungsgesetzes, auch Grundstücke enteignet. Die Verfahren sollten zügig erfolgen. Deshalb hatte die »Königliche Regierung zu Schleswig« eigens einen Enteignungskommissar bestellt. Der Mann hieß Wolf und war Regierungsassessor.

Im »Amtsblatt der Königlichen Regierung zu Schleswig« vom 24. April 1897 veröffentlichte der Enteignungskommissar Grundstücke, die enteignet werden mußten. Und zwar in den Gemarkungen Niendorf, Kühsen, Lankau, Mölln, Grambek, Fitzen und Siebeneichen. Name und Wohnort der Grundstückseigentümer wurden genannt, ebenso die Bezeichnung der Grundstücke laut

Kataster und die jeweiligen Grundstücksgrößen. Gleichzeitig erfolgte mit der Veröffentlichung im Amtsblatt die »*Vorladung, betreffend Enteignung von Grundeigenthum*«.

Das las sich im Einzelfall zum Beispiel wie folgt: »*Auf Grund des § 25 des Eineignungsgesetzes vom 11. Juni 1875 habe ich zur Verhandlung über die festzustellende Entschädigung für das in der Gemarkung Lankau liegende Grundstück auf den 29. April 1897, Mittags 1 Uhr, im Schleusenmeisterhause an der Donnerschleuse, anberaumt.*«

⊃ Ortsbestimmung für die vorgenannten Orte siehe Kreiskarte Herzogtum Lauenburg, 1 : 75.000

Das heutige Schleusenwärterhaus der Donnerschleuse. Die Verhandlungen wegen Grundstücksenteignung am 29. April 1897 werden aber vermutlich im vorhergehenden Schleusenmeisterhaus der Donnerschleuse des Stecknitzkanals – an ziemlich gleicher Stelle – stattgefunden haben

Die Länge des Kanals

Der Elbe-Lübeck-Kanal hat, laut Auskunft des Wasser- und Schiffahrtsamtes Lauenburg, eine Länge von 61,55 Kilometern.

Am Kanal gibt es immer etwas zu tun. Wie hier bei Berkenthin. Uferarbeiten vom Wasser aus

Sieben Schleusen

Sieben Schleusen*) sind für die durchgehende Fahrt auf dem Elbe-Lübeck-Kanal zu passieren. Und zwar:

Schleuse Lauenburg
Schleuse Witzeeze
Donnerschleuse
Schleuse Behlendorf
Schleuse Berkenthin
Schleuse Krummesse
Schleuse Büssau.

Die Schleuse Lauenburg wurde neu gebaut und 2006 in Betrieb genommen. Sie hat eine nutzbare Länge von 115 Metern und eine nutzbare Breite von 12,50 Metern bei 4 Metern Tiefe über den Drempeln. Die übrigen sechs Schleusen wurden seit 1990 grundinstand gesetzt. Sie haben jetzt eine nutzbare Abmessung von 80 Metern in der Länge und 12 Metern in der Breite.

Die Kosten der Schleusung? Zitat aus einem Schreiben des Wasser- und Schiffahrtsamtes Lauenburg an den Autor vom 22. Oktober 2010: *»Gebühren für Schleusungen innerhalb der festgesetzten Betriebszeit richten sich nur an Sportfahrzeuge, sind jedoch im Rahmen einer Vereinbarung mit den Verbänden der Sportschiffahrt durch eine Jahrespauschale abgegolten.«*

Dauer der jeweiligen Schleusung? Der Schleusenwärter in Behlendorf im Gespräch mit dem Autor: *»Durchschnittlich 10 Minuten. Gilt für alle Schleusen.«*

*) Ortsbestimmung der Schleusenorte / der Schleusen: Siehe ➲ Kreiskarte Herzogtum Lauenburg, 1 : 75.000

Oben:
Die »ANDREA« in der Behlendorfer Schleuse

Unten:
Ein Schleusentor der Behlendorfer Schleuse

Die »TRAVE« in der alten (vormaligen)
Schleuse Lauenburg, ungefähr 1905.
Bildnachweis: Postkartenausschnitt. Histo-
rische Sammlung W. Scharnweber

Donnerschleuse

Zwischen den Gemeinden Lankau (östlich) und Panten (westlich), rund 6 Kilometer nördlich von Mölln, befindet sich die Donnerschleuse. Von der Straßenbrücke (mit Fußsteig!) bester, ungehinderter Einblick in die Schleusenkammer, ins Schleusengeschehen.

Schon zu Zeiten des Vorgängerkanals, des Stecknitzkanals, befand sich hier eine Schleuse. Ebenfalls unter der Bezeichnung Donnerschleuse. Mit Donnergetöse hat dieser Name nichts zu tun.

Er stammt vom Stecknitzkanal-Schleusenmeister Donner. Die Familie Donner stellte mehr als 100 Jahre lang nicht nur den Schleusenwärter, sondern sorgte auch auf der Schleuse für Bewirtung.

Diese Kombination Donnerschleuse plus Wirtshaus existierte anfangs auch noch am Elbe-Trave-(Lübeck-)Kanal. Oldekop berichtet in seiner »Topographie des Herzogtums Holstein ...« im Jahr 1908: »*Schleusenmeister Behrens betreibt Gastwirtschaft.*«

Binnenschiff in der Donnerschleuse

Schleusentor öffnet sich, die »DIAMANT II« Heimathafen Bleckede, verläßt die Schleuse

Das Schiff nimmt Kurs nach Norden

Abmessungen, Abladetiefe, Höchstgeschwindigkeit

Fahrzeuge mit einer maximalen Länge von 80 Metern und einer maximalen Breite von 9,50 Metern dürfen den Kanal befahren. Mit einer zugelassenen Höchstgeschwindigkeit zwischen 6 km/h und 10 km/h, je nach Schiffsbreite und Abladetiefe. Die Abladetiefe beträgt durchgehend 2 Meter, auf einigen Teilabschnitten 2,10 und 2,15 Meter. Abladetiefe, von zum Beispiel 2 Meter, bedeutet, das Schiff ist so stark beladen (Schiffahrtssprache: abgeladen), daß es 2 Meter tief eintaucht.

Die »ANDREA«, hier in der Behlendorfer Schleuse, mit einer angezeigten Abladetiefe von 2,10 Metern

Befahrungsabgaben – 1903

Ab Sommer 1900 konnten die Schiffe den neuen Elbe-Trave-Kanal (später Elbe-Lübeck-Kanal) nutzen. Nicht umsonst, versteht sich. Der Staat erließ einen Tarif für die Schiffahrts- und Flößereiabgaben. Veröffentlicht im »Amtsblatt der Königlichen Regierung zu Schleswig«, ausgegeben am 27. Juni 1903.

Der Tarif ist ein umfangreiches, sehr detailliertes Werk. Unterschiedliche Abgaben waren vorgesehen unter anderem für Güterschiffe, Personenfahrzeuge, Schleppdampfer, Fischerkähne, Sportfahrzeuge und Flöße.

Und so beginnt der Tarif:
»Es ist zu zahlen bei jedesmaliger Durchfahrung der Hebestellen zu Lauenburg a.d. Elbe und Büssau:

Von den in Schiffen beförderten Gütern für jede Tonne zu 1000 kg

1. in der Güterklasse I	*11 Pfennig*	
2. in der Güterklasse II	*9 Pfennig*	
3. in der Güterklasse III	*7 Pfennig*	
4. in der Güterklasse VI	*5 Pfennig«*	

Das nach Güterklassen unterteilte Güterverzeichnis liest sich wie ein Komplettkatalog aller denkbaren (und undenkbaren?) Waren. Da fehlt nichts. Eine Auswahl: Kandis und Kupfer, Spiritus und Sprit, Heringe und Heu, Kohl und Körbe, Sauerkraut und Walkfett, Wergabfälle und Haare, Stakschalen und gebrauchte Stricke, Baumwollsaatkuchen und Blutlaugenrückstände, Osmosenwasser und Gaskalk.

Auch die Abgabenfreiheit war geregelt. Originaltext:
»Abgabenfrei sind: Güter, einschließlich des Floßholzes, und Fahrzeuge, welche dem Reiche, dem Könige von Preußen, dem Preußischen oder Lübeckischen Staate gehören oder ausschließlich für deren Rechnung befördert werden.«

Schummeln bei den Abgaben konnte teuer werden. Hinterziehungen von Schiffahrtsabgaben wurden mit dem 4- bis 20fachen Betrag der hinterzogenen Abgabe bestraft. Die Strafe traf insbesondere diejenigen, die unrichtige Angaben über Art und Menge der beförderten Frachtgüter machten.

Das polnische Binnenmotorschiff
»BM 5221«, Heimathafen Wrocław,
auf Kanalfahrt. Binnenschiffahrt
war und ist auf dem Elbe-Lübeck-
Kanal international

Der Flaggenmast mit der pol-
nischen Nationalflagge ist nieder-
gelegt – um sichere Brückendurch-
fahrten zu gewährleisten

Befahrungsabgaben – heute

Für die Fahrt auf dem Kanal muß selbstverständlich auch heute gezahlt werden. Befahrungsabgaben werden laut amtlichem Tarif erhoben für: Güter (unterschiedlich, je nach Güterart), Leerfahrzeuge, Fahrgastschiffe, Fähren, Schwimmkörper, schwimmende Geräte, schwimmende Anlagen, Bunkerboote, Proviantboote und beladene Container.

Beispiel:
Ein Gütermotorschiff ist mit 900 Tonnen Getreide beladen und passiert die gesamte Kanalstrecke. Die Berechnung der Befahrungsabgabe richtet sich nach:
- Anzahl der Gewichtstonnen, hier 900
- Anzahl gefahrener Kilometer, hier gesamte Kanalstrecke, berechnet mit 63 Kilometern
- Gebührensatz der jeweiligen Güterart pro Tonne; in diesem Fall 0,368 Cent.

Das ergibt:
900 Tonnen x 62 Kilometer x 0,368 Cent = 20.534,40 Cent.
Umgerechnet in Euro: 205,34.
Demnach sind in diesem Fall 205,34 Euro Befahrungsabgabe fällig.

Die generellen Tarifsätze können bei Bedarf durch die Wasser- und Schiffahrtsverwaltung des Bundes angepaßt werden.

Auch für dieses Gütermotorschiff wird Befahrungsabgabe fällig

Überholen erlaubt – anno 1913

Überholen von Schiffen auf dem Kanal war erlaubt. Nach festen Regeln. Im 2. Nachtrag zu der »Schiffahrts-Polizeiverordnung für den Elbe-Trave-Kanal« heißt es im Jahr 1913 dazu unter anderem:[*])

»Überholen von Fahrzeugen und Flößen. Erreicht ein Schiff oder Floß ein anderes in derselben Richtung, aber langsam fahrendes, so kann es verlangen, von diesem vorbeigelassen zu werden, und zwar nach folgenden Regeln:

- Sind beide Fahrzeuge unter Segel, so muß das Vorbeilassen auf der Windseite erfolgen.

- Ein Dampfschiff muß das Verlangen, vorbeigelassen zu werden, durch einen langen (d.h. etwa 5 bis höchsten 10 Sekunden dauernden) Pfiff mit der Dampfpfeife anzeigen; ein darauf folgender kurzer Pfiff bedeutet, daß es rechts, zwei kurze Pfiffe, daß es links vorbeifahren will.

- Ein vorausfahrendes Dampfschiff hat auf das Signal eines überholenden Schiffes mit der Dampfpfeife anzugeben, nach welcher Seite es ausweichen wird (1 Ton rechts, 2 Töne links) und alsbald scharf die durch das Signal bezeichnete Kanalseite zu halten.

- Kein Fahrzeug darf ein anderes ohne Not am Vorbeifahren hindern.«

[*]) Veröffentlicht im »Amtsblatt der Königlichen Regierung zu Schleswig« vom 8. Februar 1913.

Eine solche schnittige Yacht (mit niedergelegtem Mast) hätte anno 1913 wohl zum Überholen angesetzt

In die Jahre gekommen

Seit 111 Jahren wird der Elbe-Lübeck-Kanal befahren. Er ist – wie man so sagt – in die Jahre gekommen.

Als der Kanal 1900 in Betrieb ging, entsprach er allen Anforderungen der damaligen Binnenschiffahrt. Hinsichtlich Breite und Tiefe, Größe und Technik der Schleusen, der Brückenhöhen.

Die Binnenschiffahrt hat sich verändert. Größere Schiffseinheiten als früher sind heute die Regel. Viele sind zu groß für den Kanal. Auf einem »Parlamentarischen Abend« zum Thema »Ausbau des Elbe-Lübeck-Kanals« am 3. März 2009 in Berlin wurde formuliert:
»Nur 30 Prozent der deutschen Binnenschiffflotte sind auf Grund ihrer Länge in der Lage, den Kanal zu befahren.«

Kurzum: Ein grundlegender Ausbau des Kanals, insbesondere Erweiterung der Schleusen, ist erforderlich. Eigentlich. Die dafür erforderlichen Gelder sind aber im klammen Bundeshaushalt nicht vorhanden. Der Kanal ist Bundeswasserstraße. Deshalb ist der Bund zuständig.

Immerhin, erste Schritte – sprich Ausbaumaßnahmen – in die »richtige« Richtung sind getan. Die Schleuse Lauenburg wurde neu gebaut und vergrößert. Einige Brücken wurden bereits durch Neubauten ersetzt. Sie haben jetzt statt bisher 4,50 Metern eine Brückendurchfahrtshöhe von 5,25 Metern. Der Neubau weiterer Brücken ist in Planung.

Trotz »altersbedingter« Einschränkungen ist der Kanal aber nach wie vor eine wichtige Binnenwasserstraße. Das Wasser- und Schiffahrtsamt Lauenburg gab für das Jahr 2009 folgende Passagezahlen bekannt:
»An der Schleuse Lauenburg*) wurden 2009 825.377 Ladungstonnen registriert, an der Schleuse Büssau 460.920 Tonnen. Insgesamt wurden in Lauenburg 7.033 Fahrzeuge und in Büssau 5.763 Fahrzeuge geschleust. In diesen Zahlen sind ca. 4.400 Sportboote enthalten, die den Elbe-Lübeck-Kanal in Richtung Ostsee bzw. von dort kommend passieren.«

*Die neue, formschöne Brücke an der Donnerschleuse
zwischen den Gemeinden Lankau und Panten*

Die alten, genieteten Brücken – wie hier bei Witzeeze – vermitteln Brückenromantik pur, lassen Brückenromantiker schwärmen

Ortsbestimmung Büssau, Donnerschleuse, Lankau, Panten und Witzeeze:
Siehe ➲ Kreiskarte Herzogtum Lauenburg, 1 : 75.000.

Fähre mit Charme

Sie ist die einzige Fähre, die den Elbe-Lübeck-Kanal quert. Von Siebeneichen*) hinüber auf die Fitzener Seite und zurück. Gefahren wird nach Bedarf, tagsüber. Ist der Fährmann gerade mal nicht zu sehen, kann geläutet werden. Auf beiden Seiten mit einer richtigen kleinen Glocke, die per Hand zu bedienen ist. So, wie es hier immer war, seit der Kanal im Jahr 1900 in Betrieb ging.

Die Fähre wird am Seilzug hinüber- und herübergezogen. Nicht mehr wie früher per Muskelkraft, sondern mittels Motor. Ein Zugeständnis an die heutige Technik. Ansonsten wirkt die kleine Prahmfähre wie ein romantisches Überbleibsel aus vergangener Zeit. Ein sehr gepflegtes Überbleibsel mit ganz viel Charme. Größere Laster können nicht befördert werden. Die Tragfähigkeit der Fähre hat ihre Grenzen.

»Vor allem Urlauber und Ausflügler nutzen die Fähre«, erzählt man in Siebeneichen. Deshalb hat die Fähre auch jedes Jahr ein paar Monate Winterruhe.

*) Ortsbestimmung Siebeneichen:
Ortschaft vormals am Stecknitzkanal, heute am Elbe-Lübeck-Kanal, ca. 12 Kilometer südlich von Mölln.

➲ Hilfreich: Kreiskarte Herzogtum Lauenburg, 1:75.000.

Die Seilzugfähre von Siebeneichen

Die Glocke

Bitte läuten

Wandern am Kanal

Der Kanal wird an Land begleitet von einem Betriebsweg. Fußgänger und Radfahrer dürfen den Weg nutzen. Eine wunderbare Wanderstrecke, quer durch den Kreis Herzogtum Lauenburg*). Von Nord nach Süd. Oder umgekehrt. Oder in ausgewählten Teilabschnitten. So läßt sich das Geschehen auf dem und am Kanal bestens beobachten.

*) Hilfreich: ➲ Wanderkarte Nr. 9, 1 : 50.000, und Wanderkarte Nr. 12, 1 : 50.000. Auf den Karten ist die gesamte Strecke am Kanal als Wanderweg eingetragen.

Kanalbegleitweg bei Berkenthin ...

Hinweisschild

... und bei der Donnerschleuse

Kanalimpressionen in Bildern

Wechselnde und immer wieder neue Kanalmotive
bieten dem Spaziergänger an Land interessante
Seh-Unterhaltung. Mit Bildern wie diesen:

*Auf den Binnengüterschiffen wohnt die Besatzung
an Bord. Hinter diesem Fenster mit Tüllgardinen der
Kapitän. Auf Blümchen auf seiner Schiffsfensterbank
verzichtet er nicht*

Schleusenmotiv

Solche Holzfender sind stabil

Gastlieger am Kai in Siebeneichen

SCHAALSEEKANAL

Der Bau des Schaalseekanals

Die Entfernung zwischen Schaalsee und dem Küchensee bei Ratzeburg beträgt nur wenige Kilometer. Der Höhenunterschied zwischen den beiden Seen aber beachtliche 30 Meter. Schon 1909 hatten die Lauenburger die Idee, dieses Gefälle zur Stromerzeugung zu nutzen. Vorerst blieb es bei der Absicht. 14 Jahre später schritt man doch zur Tat. Am 6. April 1923 beschloss der Kreistag, das Schaalsee-Kraftwerk zu bauen. Die behördliche Genehmigung übermittelte die Provinzregierung in Schleswig per Urkunde vom 28. November 1923. Wofür eine Gebühr zu entrichten war. Gezahlt wurde in bar: 200 Billionen (!) Mark.*) Die Wahnsinns-Inflation von 1923 war just auf dem Höhepunkt.

Im Winter 1923/1924 wurde mit dem Bau des etwa 6 Kilometer langen Kanals**) begonnen, der das Kraftwerk über den Pfuhlsee, Piper See und Salmer See mit dem Schaalsee verbindet. Vom Einlaufbauwerk des Wasserkraftwerks Farchau führt eine Rohrleitung mit einem Durchmesser von 1,50 Metern in einer Länge von ca. 100 Metern und einem Gefälle von etwa 30 Metern zum Kraftwerk hinunter, das am 16. Dezember 1925 in Betrieb gegangen ist.

*) Zitiert nach »Materialien zum 100jährigen Bestehen des Kreises Herzogtum Lauenburg 1876–1976«, Ratzeburg 1978. Zur Verfügung gestellt von der Kreisverwaltung Herzogtum Lauenburg.

**) Lagebestimmung Schaalseekanal:
Der eigentliche Kanal beginnt am Nordende des Salemer Sees bei Salem und endet vor der Südspitze des Küchensees bei Ratzeburg.

⮑ Hilfreich: Wander- und Freizeitkarte Nr. 12, 1 : 50.000.

Der Schaalseekanal, mal mit sanfter Kurvenlage ...

... mal total geradeaus

Aale für Mecklenburg

Der Schaalsee, der mittels Kanal »angezapft« werden sollte, gehört zum Teil zu Mecklenburg. Daraus resultierende Fragen wurden schriftlich geregelt. Im Vertrag mit Mecklenburg-Schwerin vom 6./7. März 1924 verpflichtete sich der Kreis Herzogtum Lauenburg gem. § 8 wie folgt:

»Der Kreis Herzogtum Lauenburg ist verpflichtet, für die Entziehung des die Schaalmühle treibenden Wassers u.a. jährlich 36 kWh unentgeltlich zu liefern und jährlich 12 Zentner Aale in natura zu liefern bzw. anstelle der Naturallieferung eine Barentschädigung unter Zugrundelegung des Berliner Großhandelspreises zu leisten.«[*]

[*] Zitiert nach »Materialien zum 100jährigen Bestehen des Kreises Herzogtum Lauenburg 1876 – 1976«, Ratzeburg 1978. Zur Verfügung gestellt von der Kreisverwaltung Herzogtum Lauenburg.

Spiegelungen im Schaalseekanal, an einem stillen Oktobertag

200

1,5 Millionen Kilowattstunden Strom

Heute gehört das Wasserkraftwerk – das leistungsstärkste Schleswig-Holsteins – der E.ON Hanse. Auf Anfrage teilte E.ON Hanse Wärme GmbH mit*):

»Das Wasserkraftwerk Farchau ist noch in Betrieb. Nach wie vor wird der Maschinenbetrieb im Wesentlichen durch die notwendige Regelung von Wasserständen im Schaalsee bestimmt. Durchschnittlich werden im Jahr 1,5 Millionen Kilowattstunden Strom erzeugt.

Das Wasserkraftwerk ist ein Speicherkraftwerk. Die Bewegungsenergie, die beim Fließen des Wassers von dem erhöhten See hinunter zum Kraftwerk entsteht, wird in Turbinen, die sich in den Generatoren befinden, in eine Drehbewegung und dann durch die Generatoren in elektrische Energie, also in elektrischen Strom umgewandelt. Die Generatoren erzeugen eine Spannung von 11 kV, die direkt in das umliegende Netz eingespeist werden kann.

Bei den eingesetzten Turbinen handelt es sich um Francis-Turbinen. Solche Turbinen kommen bei mittleren Fallhöhen und bei nicht zu stark schwankenden Wasserhöhen zum Einsatz.«

*) Schreiben vom 17. September 2010.

Hier, kurz vor dem Küchensee, endet der Schaalseekanal am Einlaufbauwerk. Dann fließt das Wasser in Röhren mit ca. 30 Metern Fallhöhe hinunter zum Kraftwerk

Hohe Dämme verhindern, daß das Kanalwasser abfließt in das angrenzende, tieferliegende Land. Im Schlußabschnitt vor dem Kraftwerk sind die Dämme (begehbar!) besonders hoch

Wandern am Schaalseekanal

Noch ist es ein Geheimtip: der Spaziergang auf dem Damm des Kanals. Von der Brücke*) über den Kanal der Straße L 202, Ratzeburg – Schmilau (Mölln) bis zur Kanalbrücke der Kreisstraße K 1, Schmilau – Salem. 1,5 Kilometer ist die Strecke lang, mit Rückweg folglich 3 Kilometer. Gerade richtig für eine gemütliche Wanderung durch allerschönste Landschaft. Mit dem Schaalseekanal stets als »Hauptdarsteller«.

*) Lagebestimmung für die vorgenannte Wanderstrecke am Schaalseekanal:
Bevor die Landstraße L 202, kurz hinter Ratzeburg, per Brücke den Kanal überquert, befindet sich links (etwas tiefer liegend) ein kleiner Parkplatz. Hier ist auch eine Einsatzstelle für Paddelboote. An dieser Stelle kann der Dammspaziergang beginnen.

Spaziergang auf dem Damm ist erlaubt

Der Schaalseekanal ist für Kanuten und Paddler ein beschauliches, ungestörtes Revier

In Kombi: Schaalseekanal und Ratzeburg

Wo der Schaalseekanal in den Küchensee mündet, beginnt Ratzeburg. So läßt sich der Schaalsee-Spaziergang gut mit dem Besuch dieser von Seen umkränzten Stadt*) verbinden.

Der zwischen 1160 und 1220 erbaute, später niemals zerstörte Dom steht auf Platz 1 des Stadterkundungsprogramms. Dieses Gotteshaus, in der stilreinen Architektur der Romanik, ist eine der ältesten und schönsten Backsteinkirchen Norddeutschlands. 1143 hat Heinrich der Löwe die Grafschaft Ratzeburg errichtet, 1154 den ersten Bischof eingesetzt. Heinrich gilt als Stadtgründer. Ihm zu Ehren steht seit 1881 vor dem Dom »sein« Löwe. Eine beeindruckende Großplastik, Kopie des »Ur-Löwen«, der vom Namensgeber 1166 in Braunschweig aufgestellt wurde. Angelehnt an den Dom, lädt das ehemalige Kloster der Prämonstratenser Chorherren mit Kreuzgang und Klostergarten zum Besuch ein.

Nach dem Domhofgelände lohnt der Bummel durch die Stadt. Über den neugestalteten Marktplatz, durch kleine Straßen mit idyllischen Winkeln, entlang auf Promenadenufern der Seen: Ratzeburg, die Inselstadt.

*) Ratzeburg ist Kreisstadt des Kreises Herzogtum Lauenburg. 13.700 Einwohner (Stand: September 2009).

Der Ratzeburger Dom

Im Kreuzgang des ehemaligen Klosters

Idyllisches Motiv in Ratzeburg

GIESELAUKANAL

2,897 Kilometer Kanal

Der Gieselaukanal ist der jüngste Kanal Schleswig-Holsteins, erbaut in den Jahren 1936–1937. Er beginnt im Süden am Nord-Ostsee-Kanal bei Kilometer 40,7, wenige Meter westlich der Fähre Oldenbüttel. Mit einer langgestreckten leichten S-Kurve führt der Kanal direkt nach Norden. Nach 2,897 Kilometern erreicht er die Untereider, in die er einmündet.

Am Gieselaukanal

Die Lage

Der Gieselaukanal liegt abseits der großen Straßen. Auch abseits der kleinen Straßen. Und die nächstgelegenen Ortschaften sind ziemlich entfernt. Rundherum ist stille, beschauliche, flache Niederungslandschaft. Mit einem Touch wunderbarer Natureinsamkeit. Auch auf dem Kanal geht es gemütlich zu. Ein paar Freizeitboote tuckern des Wasserweges, gelegentlich kommt ein Ausflugsschiff vorbei. Dann herrscht wieder Ruhe. Die Angler am Kanal beobachten schweigend ihre Ruten.

Der Vollständigkeit halber: Eine schmale Straße führt am Kanal entlang. Präzise: der Kanalbegleitweg. Der ist für Autos zugelassen. Aber die sind selten, gehören zumeist den Anglern. Durchgangsverkehr findet nicht statt. Denn hier sind von drei Seiten der Kanal, die Eider und der Nord-Ostsee-Kanal »im Wege«.

Der Weg am Kanal entlang, vom Nord-Ostsee-Kanal bis zum Zusammenfluß mit der Eider, ist eine geruhsame Spazierstrecke, 2,8 Kilometer lang. Gern benutzt auch von Radwanderern, die dann weiterfahren können. Richtung Wrohm oder im Süden am Nord-Ostsee-Kanal entlang.

So findet man hin:
Aus Richtung Norden: In Wrohm von der B 203 abfahren. Dann auf der L 148 nach Süden. Hinter Süderrade links ab auf die K 37, Richtung Christianshütte. Auf dieser Straße weiterfahren, man erreicht »automatisch« den Kanalbegleitweg.

Aus Richtung Süden: Mit der Fähre Oldenbüttel über den Nord-Ostsee-Kanal. Dann – es ist die einzige Möglichkeit für PKW – auf der L 308 ein kurzes Stück. Erster Weg links ab, bis zur Schleuse.

⮌ Hilfreich: Wander- und Freizeitkarte Nr. 6, 1 : 50.000.

Ein Sportboot verläßt die Schleuse Richtung Norden, zur Untereider

Beschauliche Stimmung am Kanal.
Links der Kanalbegleitweg

Daten und Fakten zum Gieselaukanal*)

Breite und Tiefe:
- Wasserbreite 51,40 Meter
- Sohlbreite 23,40 Meter
- Solltiefe 3,50 Meter

Maximal zugelassene Schiffsgrößen:
- Länge 65 Meter. In Ausnahmefällen mit Geneh-
  migung bis 67 Meter
- Breite 9 Meter
- Tiefgang 2,70 Meter

Erlaubte Höchstgeschwindigkeit:
- 10 km/h
- Befahren nur während der Tageszeit erlaubt

Passagezahlen 2009:
- 133 Fracht-/Fahrgastschiffe
- 2 Fischkutter
- 2083 Sportboote
- 41 Behördenfahrzeuge

Zuständigkeit:
- Der Gieselaukanal ist Bundeswasserstraße. Deshalb betrieben von der Wasser- und Schiffahrtsverwaltung des Bundes, vertreten durch das Was-
  ser- und Schiffahrtsamt Brunsbüttel.

*) Die Daten wurden auf Anfrage dem Autor
mitgeteilt von dem Wasser- und Schiffahrtsamt
Brunsbüttel mit Schreiben vom 8. November 2010.

*Rund 2000 Sportboote befahren pro
Jahr den Gieselaukanal*

Die Schleuse

Etwa auf halber Kanalstrecke befindet sich die Schleuse. Sie dient dem Niveauausgleich zwischen den Wasserständen der Untereider und des Nord-Ostsee-Kanals. Es ist, der Schiffahrt wegen, eine Kammerschleuse, präzise: eine Einkammerschleuse mit Schiebetoren. Sie ist 70 Meter lang, 10 Meter breit. Die Wassertiefe wird mit 3,50 Metern angegeben.

Eine Portalklappbrücke mit einseitigem Kontergewicht befindet sich am südlichen Ende der Schleuse. Um Schiffen die Ein- bzw. Ausfahrt zu ermöglichen, wird aufgeklappt, einschließlich des Straßenabschnittes. Die Klappbrücke am nördlichen Schleusenende ist ein schmaler Steg. Der ist für den öffentlichen Verkehr nicht zugelassen.

Blick in das Schleusenbecken

Die Portalklappbrücke wird hochgeklappt

Die Portalklappbrücke »steht«, Boote verlassen die Schleusenkammer Richtung Nord-Ostsee-Kanal

Deshalb gibt es den Gieselaukanal

Warum der Gieselaukanal gebaut wurde? Das ist eine komplizierte Geschichte. Schuld hat jedenfalls der Nord-Ostsee-Kanal. Durch dessen Bau wurden zwischen Rendsburg und Bokelhoop fünf Eidernebenflüsse von der Untereider abgeschnitten. Das führte zu Wasserstandsproblemen in der Untereider. In Rendsburg war durch den Nord-Ostsee-Kanal der Grundwasserspiegel deutlich gesunken. Die Schiffbrücke – dort, wo sich heute der Schiffbrückenplatz befindet – fiel trocken, wurde

später zugeschüttet. Schließlich wurde 1937 die Rendsburger Eiderschleuse dauernd geschlossen, dadurch die Obereider von der Untereider für immer abgetrennt. Vom Rendsburger Obereiderhafen gibt es seither keine direkte Schiffahrtsverbindung auf der Eider nach Tönning, in die Nordsee.

Der Gieselaukanal hat diese Verbindung wieder hergestellt. Die Streckenführung: Nord-Ostsee-Kanal – Gieselaukanal – Untereider.

Gieselaukanal – von rechts kommend – trifft Untereider

Gieselau – die Namensgeberin

Als Nebenfluß (richtig: Flüßchen) der Eider ist die Gieselau zwecks Warentransports schiffbar gewesen. Nicht für »richtige« Schiffe, nur für kleine, flachgehende Boote – aber immerhin.

Teile der Gieselau sind im Nord-Ostsee-Kanal – in Betrieb seit 1895 – »aufgegangen«. Zurück blieben abgetrennte, zerschnittene Teilstrecken. Heute zum Teil als Entwässerungsgräben genutzt. Die Gieselau als durchgehenden, in die Eider mündenden Fluß gibt es nicht mehr.

Blick vom Weg am Kanal in die Gieselau-niederung

Mit dem Bau des Nord-Ostsee-Kanals war auch die Schiffahrt auf der (zerstümmelten) Gieselau Vergangenheit. Diese Art der Kleinschiffahrt war aber Ende des 19. Jahrhunderts ohnehin nicht mehr konkurrenzfähig.

Die Gieselau hat dem Gieselaukanal den Namen gegeben. Allerdings nicht, wie oft vermutet wird, weil der Gieselaukanal das Bett der Gieselau nutzt. Das ist nicht der Fall.

Der Kanal durchquert die stille, malerische Gieselauniederung. Die gibt es wie eh und je, auch ohne die vollständige Gieselau.

*Angler gehören
zum vertrauten
Kanalbild*

ANHANG

Wir bedanken uns

Autor und Verlag bedanken sich für Informationen, für überlassene Bilder, für Text- und Bildfreigaben bei folgenden Personen und Institutionen:

Landesamt für Denkmalpflege
Schleswig-Holstein
Herr Dr. Michael Paarmann
Kiel

Wasser- und Schiffahrtsamt Lauenburg/Elbe
Frau Schreier/Herr Arndt
Lauenburg/Elbe

Wasser- und Schiffahrtsamt Brunsbüttel
Herr Thomas Fischer
Brunsbüttel

Hansestadt Lübeck/Archiv
Herr Dr. Jan Lokers
Lübeck

Zerssen & Co. GmbH
– Geschäftsleitung –
Kiel

Heimatbund Landschaft Eiderstedt e.V.
Herren Hans Meeder/Hauke Koopmann/Bernd Laue
Garding

Gemeinde Kayhude
Kayhude

Heimatmuseum Lägerdorf
Herr Gerhard Korell
Lägerdorf

Möllner Museum im Historischen Rathaus
Herr Michael Packheiser
Mölln

Stadtarchiv Mölln
Herr Christian Lopau
Mölln

Landesvermessungsamt Schleswig-Holstein
Herr Günter Steinführer
Kiel

Herr Dr. Götz Goldammer
Hamburg

Graf zu Ranzau
Breitenburg

Herr Tom Mogensen
Kiel-Holtenau

Herr Carsten Brecht
Itzehoe

Herr Willi Breiholz
Oelixdorf

Herr Anton Kardel
Kiel

Touristikbüro Burg (Dithmarschen) und Umgebung
Frau Hopmann/Frau Reimers
Burg/Dithmarschen

Herr Willi Vogel
Rethwisch b. Lägerdorf

Landesarchiv Schleswig-Holstein
Herr Dr. Carsten Müller-Boysen
Schleswig

Archäologisches Landesamt
Schleswig-Holstein
Schleswig

Kreisverwaltung Steinburg
Pressestelle/Frau Britta Glatki
Itzehoe

Kreisverwaltung Kreis Herzogtum Lauenburg
Ratzeburg

Kreisverwaltung Segeberg
Bad Segeberg

Stadt Tönning/Archiv
Herr Gerhard Hamkens
Tönning

Canal-Verein e.V.
Herr Dr. Jürgen Rohweder
Stein

Förderkreis Kulturdenkmal
Stecknitzfahrt e.V.
Frau Dr. Christel Happach-Kasan
Bäk

Gemeinsames Archiv
Kreis Steinburg/Stadt Itzehoe
Itzehoe

Gemeinde Tangstedt/Archiv
Herr Horst Völksen
Tangstedt

Amtsverwaltung Itzstedt
Tangstedt

E.ON Hanse Wärme GmbH
Frau Constanze Burkhardt
Hamburg

Ortsarchiv Burg/Dithmarschen
Frau Inge Hurtienne
Burg/Dithmarschen

Herr Benno Schwohn
Burg/Dithmarschen

Herr Jörg Jahnke
Burg/Dithmarschen

Ev.-Luth. Kirchengemeinde
St. Nicolai
Mölln

Amt Burg-St. Michaelisdonn
Burg/Dithmarschen

Gemeinde Kudensee
Kudensee

Stadtarchiv Lauenburg/Elbe
Herr Dr. William Boehart
Lauenburg/Elbe

Amt Wilstermarsch
Wilster

Amt Eiderstedt
Garding

Herr Ernst Jürgen Ellerbrock
Kayhude

Orts- und Sachregister

A

Alster 41, 44, 48, 52, 53

Alster-Beste-Kanal 41, 44, 46, 47, 52

Alsterböcke 52

Alster-Trave-Kanal – siehe Alster-Beste-Kanal

Alte Alster 41, 44, 53

Altenholz 10

Alter Eiderkanal – siehe Eiderkanal

Altona 82, 86

Amtsblatt der Königlichen Regierung zu Schleswig 129, 176, 183, 186

Archiv der Gemeinde Tangstedt 218

Archiv der Stadt Tönning 218

Archiv Hansestadt Lübeck 173, 217

Archiv Stadt Lauenburg/Elbe 19, 172, 218

Archiv Stadt Mölln 15, 18, 24, 27, 217

B

Bad Oldesloe 41, 46

Befahrungsabgaben 183, 185

Behlendorf 15, 178

Berkenthin 15, 24, 28, 33, 34, 36, 37, 177, 178, 192

Beste 40, 41, 43, 44, 46, 47, 48, 52, 53

Bleckede 180

Bokelhoop 213

Bootführerdeich 65, 66

Borsfleth 82

Bovenau 103

Bredenbek 103, 122, 132

Breitenburg 138, 139, 140, 141, 144, 146, 147, 217

Breitenburger Portland-Zement-Fabrik 141

Breitenburger Schiffahrtskanal 139, 141, 144, 146, 147

Büchen 15, 16, 20, 23, 27, 28

Buchholz 88

Buchholzermoor 88

Büdelsdorf 124

Burg/Dithmarschen 86, 87, 88, 217, 218

Burger Au 80, 82, 83, 85, 86, 87, 88, 94

Burg-Kudenseer-Kanal 80, 83, 95

Burg-Kudenseer Entwässerungs-Commüne 98

Burg-Kudenseer Niederung 81, 82

Büssau 178, 183, 187, 189

Büttel 81, 82, 83, 86, 87, 93, 96, 98, 99

Bütteler Schleuse – siehe Schleuse: Bütteler Schleuse

Büttler Kanal 80, 81, 82, 83, 86, 88, 90, 91, 92, 93, 94, 95, 98, 99

C

Canal-Verein e.V. 111, 113, 114, 118, 119, 120, 218

Carlshütte 124

Christianshütte 208

Cluvensiek – siehe Kluvensiek

Crumeße – siehe Krummesse

D

Dalldorf 15, 16

Dänemark/Dänischer Gesamtstaat 44, 48, 101, 104

Delvenau 13, 15, 16, 20, 21, 22

Dithmarschen 81, 83, 86, 87, 88, 156, 217, 218

E

Eider 10, 11, 55, 60, 70, 72, 74, 100, 101, 103, 104, 105, 107, 108, 110, 112, 113, 114, 118, 119, 122, 123, 126, 128, 129, 130, 131, 132, 133, 134, 135, 136, 167, 207, 208, 211, 213, 214

Eiderkanal 10, 100, 103, 104, 105, 107, 108, 112, 113, 114, 118, 119, 122, 126, 128, 130, 131, 132, 133, 134, 135, 136, 167

Eiderstedt 55, 63, 64, 65, 217, 218

Eisenbahnhochbrücke Hochdonn 156

Elbe 13, 15, 16, 19, 20, 22, 23, 27, 28, 32, 33, 36, 37, 38, 41, 81, 82, 83, 86, 87, 92, 99, 101, 153, 170, 171, 172, 173, 174, 176, 177, 178, 180, 183, 184, 186, 187, 190, 217, 218

Elbe-Lübeck-Kanal 4, 15, 16, 20, 23, 28, 32, 33, 36, 170, 171, 172, 173, 174, 176, 177, 178, 183, 184, 186, 187, 190

Elbe-Trave-Kanal – siehe Elbe-Lübeck-Kanal

E.ON Hanse 201, 218

F

Fähre Siebeneichen 190

Felm 105

Fitzen 176, 190

Förderkreis Kulturdenkmal Stecknitzfahrt e.V. 22, 23

Friedrichstadt 11, 68, 69, 70, 71, 72, 74, 77, 78

Fürstenburggraben – siehe Friedrichstadt

G

Garding 55, 57, 58, 60, 65, 133, 217, 218
Genin 15, 33, 174
Gieselau 9, 206, 207, 208, 210, 213, 214
Gieselaukanal 9, 206, 207, 208, 210, 213, 214
Gieselauniederung 214
Grachten – siehe Friedrichstadt
Grambeck 15
Grambek 176
Groß Königsförde 122
Grünenthaler Hochbrücke 149
Güster 15
Gut Knoop / Herrenhaus Knoop 110, 112, 113
Gut Projensdorf 105

H

Haken und Staken 28, 29, 32, 37
Hamburg 35, 38, 41, 43, 44, 48, 49, 52, 53, 78, 82, 86, 139, 144, 153, 162, 217, 218
Hansestadt Lübeck – siehe Lübeck
Heidkrug 48, 49
Heimatbuch Kreis Steinburg 81, 82, 93, 96, 141, 144
Heimatbund Landschaft Eiderstedt e.V. 65, 217
Heimatmuseum Lägerdorf 145, 146, 217
Herrschaft Breitenburg 139, 141
Herzogtum Holstein / Herzogthum Holstein 24, 27, 35, 38, 48, 92, 101, 104, 107, 126, 130
Herzogtum Lauenburg / Herzogthum Lauenburg 24, 27, 35, 38, 48, 92, 126, 130, 171
Herzogtum Schleswig / Herzogthum Schleswig 55, 60, 64, 101, 104
Holstentor – siehe Lübeck
Holtenau / Kiel-Holtenau 105, 108, 109, 110, 112, 115, 119, 120, 124, 126, 128, 131, 149, 151, 152, 153, 154, 155, 162, 163, 164, 166, 217
Hörnerauniederung 144
Hülkenbüll 55, 57, 58, 59, 60

I

Itzehoe 144, 217, 218
Itzstedt 41, 218

K

Kaiser-Wilhelm-Kanal – siehe Nord-Ostsee-Kanal
Kanalbegleitweg(e) 9, 91, 161, 163, 192, 208, 209
Kanal Norderbootfahrt 62, 63, 64, 65, 66

Kanalpackhäuser / Kanalpackhaus 109, 128
Kanalsteurer 164
Kanal Süderbootfahrt 54, 55, 57, 58, 59, 60
Kanal-Trave 15, 174
Katharinenheerd 63, 64, 65
Kating 55
Katingsiel 55, 60
Kayhude 43, 48, 49, 50, 52, 53, 217, 218
Kellinghusen 144
Kiel 10, 46, 58, 103, 105, 110, 112, 118, 122, 126, 132, 148, 149, 151, 153, 154, 165, 166, 169, 171, 217
Kiel Canal – siehe Nord-Ostsee-Kanal
Kieler Förde 110, 126, 153
Kieler Sprotten 165
Kieler Woche 165
Klein Königsförde 107, 110, 114, 122, 123, 124
Kloster der Prämonstratenser Chorherren – siehe Ratzeburg
Kluvensiek 10, 103, 104, 106, 107, 110, 114, 124, 126, 130, 132
Königliche Handelskompagnie 108, 109
Kopenhagen 108, 128
Kotzenbüll 64
Kreideabbau / Kreidegewinnung / Kreidewerk 141, 144, 147
Kreis Dithmarschen 83
Kreishafen Rendsburg 167
Kreis Herzogtum Lauenburg 13, 15, 16, 20, 23, 26, 28, 32, 33, 37, 38, 39, 41, 101, 171, 172, 176, 177, 178, 179, 183, 187, 189, 190, 192, 197, 200, 203, 217, 218
Kreis Nordfriesland 65, 69
Kreis Segeberg 41, 49, 52, 53, 218
Kreis Steinburg 81, 94, 96, 141, 144, 218
Kreis Stormarn 41, 46, 52, 53
Kreuzfahrtschiff(e) 159, 165, 166
Krummesse 15, 28, 33, 34, 178
Küchensee 197, 201, 203
Kudensee (Ort) / Gemeinde Kudensee 81, 82, 83, 91, 93, 94, 95, 96, 99, 218
Kudenseer Graben 92
Kudenseer Kahn / Kudenseer Kähne 82, 93, 94
Kudenseer-Kanal – siehe Büttler Kanal
Kudensee (See) 81, 82, 83, 88, 90, 91, 93, 94, 96
Kühsen 176

L

Lägerdorf 139, 140, 144, 147, 217
Landesamt für Denkmalpflege Schleswig-Holstein 117, 217
Landesvermessungsamt Schleswig-Holstein 10, 217

Landwehr 126
Lankau 176, 180, 188, 189
Lauenburger Schiffermonopol 38
Linientrekker – siehe Linienzieher
Levensau 105
Linienzieher 33, 34
Lotsenbrüderschaft NOK I und NOK II 163
Lotsengesangsverein ›Knurrhahn‹ 169
Lotse(n)/Seelotse(n) 129, 161, 163, 164
Lotsenstation Rüsterbergen 163
Lotspflicht 163
Lübeck 13, 14, 15, 16, 20, 23, 28, 32, 33, 34, 35, 36, 37, 38, 41, 44, 46, 48, 101, 170, 171, 173, 174, 175, 177, 178, 180, 183, 184, 187, 190
Lüneburg 13

M

Mecklenburg 16, 200
Mitteilungen des Canal-Vereins (MCV) 118
Mittelburggraben – siehe Friedrichstadt
Mölln 15, 24, 27, 28, 29, 30, 32, 176, 180, 190, 202, 217, 218
Möllner Museum im Historischen Rathaus 30, 217
Möllner See 13, 18, 20
Moorkanal – siehe Breitenburger Schiffahrtskanal
Münsterdorf 141, 143, 144
Münsterdorfer Yachtclub 143

N

Naherfurth 48, 49
Neritz 46, 47
Neu-Lankau 15
Niendorf 176
Norderbeste 41, 44, 45, 46, 47
Norderbootfahrt – siehe Kanal Norderbootfahrt
Norderburggraben – siehe Friedrichstadt
Nord-Ostsee-Kanal 9, 81, 83, 90, 91, 99, 104, 105, 114, 118, 126, 130, 136, 148, 149, 151, 153, 159, 162, 165, 167, 169, 171, 207, 208, 211, 212, 213, 214
Nordsee 13, 20, 41, 55, 101, 105, 118, 129, 133, 151, 153, 167, 171, 213

O

Obelisk 128
Obereider 110, 213
Oldenbüttel 207, 208
Ortsarchiv Burg/Dithmarschen 87, 88, 218
Osterrönfeld 158
Ostersielzug – siehe Friedrichstadt

Ostsee 13, 41, 101, 105, 108, 118, 126, 133, 151, 153, 167, 175, 187

P

Palmschleuse – siehe Schleuse: Palmschleuse
Panten 15, 180, 188, 189
Passagezahlen 130, 187, 210
Pfuhlsee 197
Piper See 197

R

Ratzeburg 34, 197, 200, 202, 203, 205, 218
Ratzeburger Dom – siehe Ratzeburg
Remonstranten – siehe Friedrichstadt
Rendsburg 110, 111, 118, 122, 124, 126
Rendsburger Kanalhochbrücke 167
Rüsterbergen 163

S

Salem 197, 202
Salemer See 197
Salzkähne 26
Salzspeicher – siehe Lübeck
Schaalsee 197, 200, 201, 203
Schaalseekanal 196, 197, 198, 200, 201, 202, 203
Schiffe: ANDREA 178, 182
Schiffe: ANNE SIBUM 164
Schiffe: BM 5221 184
Schiffe: DIAMANT II 4, 180
Schiffe: DORIS SCHEPERS 166
Schiffe: ELISABETH 162
Schiffe: EURO SKYE 160
Schiffe: Kaiseryacht S.M.S. HOHENZOLLERN 153
Schiffe: KRAFTCA 156
Schiffe: MS EUROPA 159
Schiffe: NIPPON MARU 152
Schiffe: TRAVE 179
Schiffe: UTE JOHANNA 160
Schleswig-Holstein 9, 10, 16, 22, 38, 58, 69, 72, 78, 82, 101, 105, 112, 118, 128, 129, 139, 144, 147, 153, 165, 201, 207, 218
Schleswig-Holsteinischer Kanal – siehe Eiderkanal
Schleuse: Behlendorfer Schleuse 178, 182
Schleuse: Berkenthiner Schleuse 24, 27, 34, 178
Schleuse: Büchener Schleuse 27
Schleuse: Bütteler Schleuse 81, 82, 98, 150
Schleuse: Donnerschleuse 15, 24, 27, 176, 178, 180, 188, 189, 193

Schleuse: Dückerschleuse 15, 22, 23, 24, 27

Schleuse: Frauweiderschleuse / Frauwerder Schleuse 27

Schleuse: Schleuse Gieselaukanal 211, 212

Schleuse: Hahnenburger Schleuse 15, 24, 27

Schleuse: Holtenauer Schleuse 110, 120, 124

Schleuse: Hornbeker Schleuse 24

Schleuse: Lauenburger Schleuse 178, 179, 187

Schleuse: Münsterdorfer Schleuse 141, 144

Schleuse: Niebuhrschleuse 27

Schleusen am Stecknitzkanal 15, 27, 176, 180

Schleuse: Nibuerschleuse 27

Schleusenwärterhaus / Schleusenmeisterhaus 15, 24, 176

Schleusenwärter / Schleusenmeister 22, 24, 26, 46, 98, 112, 178, 180

Schleuse: Oberschleuse 24

Schleuse: Palmschleuse 26, 35

Schleuse: Rathmannsdorfer Schleuse 105, 110, 114, 115, 117

Schleuse: Rendsburger Schleuse 110, 111, 124, 213

Schleuse: Schleuse bei Gut Knoop 110, 124

Schleuse: Schleuse bei Kayhude 50

Schleuse: Schleuse Brunsbüttel 150, 153

Schleuse: Schleuse Büssau 178, 187

Schleuse: Schleuse »in der Kehle« 18

Schleuse: Schleuse Katingsiel 60

Schleuse: Schleuse Kiel-Holtenau 153, 154, 155, 166

Schleuse: Schleuse Klein Königsförde 114, 122, 124

Schleuse: Schleuse Kluvensiek 104, 110, 114, 124, 130

Schleuse: Schleuse Krummesse 178

Schleuse: Schleuse Neritz 46, 47

Schleuse: Schleuse Witzeeze 22, 24, 178

Schleuse: Seeburger Schleuse 24, 27

Schleuse: Siebeneichener Schleuse 24, 27

Schleuse: Zienburger Schleuse 27

Schmilau 202

Schwebefähre Rendsburg 156, 158, 167

Sehestedt 103, 156

Siebeneichen 15, 28, 32, 176, 190, 195

Stadtarchiv Mölln – siehe Archiv Stadt Mölln

Stadtarchiv Lauenburg/Elbe – siehe Archiv Stadt Lauenburg/Elbe

Stecknitz 13, 15, 16, 20, 21, 22, 35

Stecknitzfahrer 13, 14, 16, 24, 28, 29, 30, 32, 34, 36, 37

Stecknitzfahrt 13, 14, 22, 30, 34, 38, 171, 218

Stecknitzkanal 9, 13, 15, 16, 18, 20, 26, 27, 28, 30, 32, 33, 37, 38, 41, 44, 101, 171, 174, 176, 180, 190

Stegen 41, 43, 48, 52

St. Margarethen 96, 98

Stör 86, 141, 143, 144

Süderbeste 41

Süderbootfahrt – siehe Kanal Süderbootfahrt

Süderdithmarschen 92, 96

Süderrade 208

Sülfeld 41, 44, 45, 46, 48

T

Tönning 55, 63, 64, 65, 105, 108, 109, 115, 118, 133, 134, 135, 136, 167, 213, 218

Traumschiff(e) – siehe Kreuzfahrtschiff(e)

Trave 13, 15, 16, 20, 22, 37, 41, 43, 48, 53, 101, 171, 172, 173, 174, 176, 180, 183, 186

Treene 11, 70, 72, 74

Treideln / getreidelt / Treidelweg 33, 59, 65, 66, 111, 126, 145

Treidelstation(en) 114

U

Untereider 110, 207, 208, 211, 213

W

Wasserkraftwerk Farchau 197, 201

Wasser- und Schiffahrtsamt Brunsbüttel 210, 217

Wasser- und Schiffahrtsamt Lauenburg 187, 217

Westersielzug – siehe Friedrichstadt

Wilster 93, 218

Wilsterau 86

Wilstermarsch 81, 92, 96, 218

Witzeeze 15, 21, 22, 23, 24, 178, 189

Wrohm 208

Z

Zweedorf 15, 16

Bildnachweis

Alle aktuellen Farbaufnahmen: Werner Scharnweber

Die Herkunft der historischen Abbildungen ist jeweils in der Bildunterschrift nachgewiesen.

Trotz intensiver und umfangreicher Recherche konnten in einigen Fällen Bildquellen, Fotografen, Zeichner und evtl. sonstige Rechteinhaber an Bildern und Illustrationen nicht ermittelt werden. Der Verlag bittet ggf. um Nachricht.

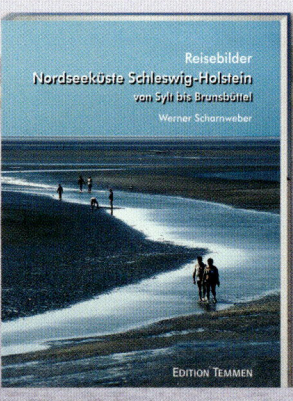